Web前端 / 数据库 / 综合技术　　（日）技术评论社 编

For All Web Application Developers　ウェブDBプレス

WEB+DB

PRESS

WEB+DB PRESS
中文版 **01**

U0264637

人民邮电出版社

北　京

图书在版编目（CIP）数据

WEB+DB PRESS中文版. 1 / 技术评论社编；匿名译
. -- 北京：人民邮电出版社，2015.2
　ISBN 978-7-115-38451-5

　Ⅰ . ①W… Ⅱ . ①技… ②匿… Ⅲ . ①网页制作工具—
程序设计　Ⅳ . ①TP393.092

　中国版本图书馆CIP数据核字(2015)第013458号

内 容 提 要

　　WEB+DB PRESS 是日本主流的计算机技术杂志，旨在帮助程序员更实时、深入地了解前沿技术，
扩大视野，提升技能。内容侧重于Web开发的相关技术。
　　本期的主题分为3个特辑：UI设计实践、Web支付入门和数据可视化。特辑1结合Cookpad网站
详细介绍UI设计方面的实践知识。特辑2以在Web上使用最为广泛的信用卡支付为核心，介绍将信
用卡支付整合进自己的网站或智能手机应用所必需的知识和方法。特辑3则介绍如何使用Web技术进
行数据可视化。
　　本书适合各行业Web应用开发者阅读。

◆　编　　　　　　[日] 技术评论社
　　责任编辑　乐 馨
　　执行编辑　高宇涵
　　责任印制　杨林杰
　　装帧设计　broussaille 私制
◆　人民邮电出版社出版发行　　　北京市丰台区成寿寺路11号
　　邮编　100164　　电子邮件　315@ptpress.com.cn
　　网址　http://www.ptpress.com.cn
　　北京天字星印刷厂印刷
◆　开本：787×1092　1/16
　　印张：11.25
　　字数：303千字　　　　　　　　2015年2月第 1 版
　　印数：1- 3 500册　　　　　　　2015年2月北京第 1 次印刷
　　著作权合同登记号　图字：01-2014-0504号

定价：20.00元
读者服务热线：(010)51095186转600　印装质量热线：(010)81055316
反盗版热线：(010)81055315
广告经营许可证：京崇工商广字第 0021 号

目 录
CONTENTS

分栏目录
CONTENTS BY TOPICS

编委点评　吴多益（百度）

看惯了中英文的技术文章，偶尔看看日文的杂志也挺有意思，既有许多相同之处，也有不少日本特色。

从编排结构上看，这本杂志由三个特辑和许多不同方向的专题文章组成，整体技术氛围比较强，但或许是为了考虑大部分初学者，很多文章都比较入门。

我们先从三个特辑开始介绍。

第一个特辑是"实践 UI 设计"，我在第一眼读到标题时并没有多少期待，因为这是一个很虚的话题，恐怕难以写好，不过在读完第一页后却意外地发现写得很不错。作者一开始就明确指出 UI 最重要的是帮助用户达到目标，而不是弄得多么绚丽，因此花了很大篇幅来谈产品设计与用户需求分析，几乎毫无保留地介绍了自己的设计流程、方法、工具及注意点，还有验证方法、内部前端 UI 框架等，整套流程做得非常专业，很值得借鉴，这也是整本杂志中我最喜欢的文章。

第二个特辑"Web 支付"本来是个很有价值的话题，因为随着现在各种垂直电商网站和创业项目的增多，肯定有不少网站需要具备支付功能的，但可惜这篇文章谈的是日本的情况，和国内差距较大，所以以只能当成技术文章看看了，实战价值不高。我曾经了解过一个收银台系统的实现，发现比想象中要复杂得多，一方面要和支付宝、网银、点卡、信用卡等系统进行对接，另一方面还要考虑各种促销活动导致的特殊逻辑。

第三个特辑的内容是基于 D3 实现数据可视化，其中的 3 篇文章分别介绍了可视化的 3 个应用场景——图表、地图和关系图。在内容丰富程度上做得不错，但 D3 独特的设计理念使得它的门槛很高，之前没学过 D3 的读者估计看不懂文中的代码，所以只能大概了解 D3 能做什么，后续还得花很多时间去学习。

说完了三个特辑，接下来谈谈连载的文章，这些文章的跨度很广，从前端、移动端到后端都有涉及，对于开拓视野很有帮助。

介绍 Gradle 的文章很简洁明了，基本上把常见功能都说清楚了，对于之前不了解 Gradle 的读者很有帮助。

介绍 Android Studio 的文章所用的软件版本比较老，是一年半以前的，这个工具在 2014 年 12 月 9 日已经发布了正式版。不过，本文主要介绍的是如何使用 Gradle 和 IntelliJ IDEA，所以受版本影响不太大。

介绍 serverspec 的文章令我眼前一亮，这个工具我之前没听过，看作者名字是个日本人，它的特点是将服务器环境的搭建也纳入到单元测试中，比如搭建完后测试某个端口是否开启等，看起来还挺有用的，有了它就可以将环境部署脚本也纳入持续集成，从而保证质量。

介绍 Coro 的文章虽然花了很大篇幅来谈爬虫的实现，但其实还是远远不够，作者忽略了很多抓取中的重要技术，比如广度优先还是深度优先策略、网页更新策略、表单抓取、Ajax 抓取等，所以看起来这篇文章的主要目的还是推广 Coro 这个协程框架。

介绍 PHP 中使用 AOP 的文章看起来很非主流，因为 PHP 本身并没有注解（annotation）的语法，所以就只能在注释中进行配置，看起来奇怪，感觉还不如直接用 Java。

在 JavaScript 专栏里介绍了 Web Components，尽管这个技术推出有一段时间了，但国内似乎关注的不多。从我个人的使用体会来看，这个技术对于传统的前端开发是颠覆性的，可以说是目前最好的前端模块化方案，感兴趣的读者推荐读一下 Polymer Designer 的源码，体验一下完全不同的前端开发方式。不过这篇文章的写作时间较早，其实在 2014 年 7 月 16 日正式发布的 Chrome 36 中已经正式支持 Object.observe 和 HTML Imports 了，这使得 Chrome 在所有浏览器中最先全面支持 Web Components。

在关系数据库的专题里介绍了图的基本概念，然后总结了几种数据库中存储图数据的优缺点，然而最终并没有很好地解决作者开始提出的几个问题。对于复杂的图算法，我个人觉得最好还是使用专门的数据库，比如 Neo4j，它内置支持文中提到的 Dijkstra 等算法，所以以实现起来很容易。

在 Java 专题里谈的是缓存，感觉这篇文章主要是介绍概念，实战价值不大，因为本文代码中实现的缓存太简单了，作者最后应该推荐一些真正的解决方案，比如简单的 Guava cache，或者完善的 Ehcache/JCS，以及分布式数据的 Hazelcast/Redis 等。

Ruby 专栏介绍的是实时数据采集和展现，在这方面另一个比较流行的组合是 Elasticsearch + Logstash + Kibana，我觉得它的功能更为强大，更适合用来分析日志。

在 HTML5 canvas 游戏开发经验中介绍了一个自己开发的库 tofu.js，据说能解决一些 Android 机器下的性能问题，不过我到 github 看了一下发现只有 38 个 Star，而且都一年多没更新了，所以看起来不推荐。

最后，发现这本杂志里到处都有 Ruby 的影子，看来日本技术人员还真喜欢这个语言。

UI/UX 未来志向

预测未来之走向，知晓当下之所需

第3回

明治大学 综合数理学部 先进媒体科学专业专职讲师
渡边惠太 (WATANABE Keita) 译 / 王凤波
URL http://persistent.org/ mail watanabe@gmail.com Twitter @100kw

扁平化设计

挣脱拟物化隐喻表现的桎梏

2013年6月，苹果公司宣布iSO 7的用户界面（UI）将改为采用扁平化设计（Flat Design）。

将现实世界真实物体的质感融入到用户界面中的视觉设计手法被称为拟物化（Skeuomorphism）。众所周知，iSO 6及其之前版本采用的都是拟物化设计。

而扁平化设计正如它的名称一样，平面的视觉印象是其最显著的特征。Windows 8就在iSO 7之前率先采用了这种扁平化设计的用户界面。

但是，到底为什么突然两个OS都采用了扁平化设计呢？由拟物化设计向扁平化设计的转变，并不像表面上看起来的那么简单，而是具有深远意义的，乃至需要我们不得不从电脑的本质上进行深入的分析和探讨。这一次，我们就从幕后的隐喻表现手法和电脑的本质即元媒体这两个角度，来深入地探讨一下由拟物化设计向扁平化设计转变的意义。

隐　喻

拟物化设计的根本在于隐喻（Metaphor）。迄今为止，用户界面可以说基本上是采用隐喻的表现手法来实现的。按钮、页面、滚动条、文件夹、桌面、垃圾箱等，这些都是以现实世界中的实物为模型进行模仿的隐喻表现形式。按钮模仿真实机器上的按钮，页面模仿真实书本的页面。

隐喻的使用使得人们在日常生活中用到的知识在电脑中也能够得以继续应用，即使不懂电脑的人，也能够通过隐喻的表现形式结合自己的生活常识推测出它的功能和作用。

可以说在UI的历史发展长河中，隐喻表现手法的应用具有深远的意义，它向广大的普通用户展示了"电脑是什么"以及"电脑能做什么"。Mac OS或者iOS 6及其之前的版本都积极地采用了拟物化设计，其原因不仅仅是为了美观，更是为了让用户能够由此推测出它的功能到底是什么。

元媒体

对于电脑而言，隐喻表现手法如此重要还有其他的原因。那就是因为电脑是一种元媒体（Metamedia）。元媒体的概念是由被称为电脑之父的阿伦·凯（Alan Kay）提出的。元媒体的概念表明它既可以成为一种道具或者媒体，也可以成为其他任何一种东西，能

够实现人们见所未见闻所未闻的表现形式和功能。

电脑是一种元媒体，可以说"无论什么都是它的装置"。也正因为如此我们才需要对它具体是什么加以定义，这是电脑的本质要求。而隐喻则是进行定义的有效方法。也就是说，原本作为计算机的电脑，变成了文档编辑装置，变成了乐器，变成了绘画装置……这本身就是一种隐喻。不仅如此，在电脑软件和应用程序的领域中也使用了隐喻。

使用隐喻对元媒体进行定义的局限性

但是，使用隐喻对元媒体进行定义也是有局限性的。使用隐喻手法实现的文档编辑装置或者乐器等，其实都是迄今为止我们现实文化生活中真实存在的物品的一种替代品。而实际上在电脑中能够表现出比现实世界更多、更丰富的东西。对此，隐喻的表现手法就存在局限性了。对于作为元媒体的电脑而言，我们当然是想发挥其真正价值的，但如果使用隐喻表现手法的话，无论到何时所实现的都只能是现有文化和概念的替代品而已。

因此，挣脱隐喻表现手法的束缚，进而实现自由的表现方式在今后将变得尤为重要。由此我

们可以进一步认为以隐喻为根本的拟物化设计也将会变得步履维艰。

由于隐喻自身的局限性，其缺陷已经开始部分地显现出来。比如，无论是Windows还是Mac，目录都是采用"文件夹"的表现形式，文件夹中又可以无穷无尽地嵌套子文件夹。而这种形式在现实世界中是不可能存在的，从而导致人们对于计算机文件结构的理解产生了误区。也有人认为如果用户理解了计算机的原理，那么也许就不再需要什么隐喻或者拟物化了。

另外，对于世界上根本不存在的东西，如果使用拟物化的表现手法，则存在着不可逾越的壁垒。比如在iPhone或者Android这个新的平台上，庞大的用户群体从各种不同的生活场景自由随意地访问网络，孕育出该平台特有的创意或服务的可能性越来越大。在这里，存在着很多现有概念难以解释的价值形式，没有可供参照的隐喻手法，使用拟物化的设计方法是行不通的。

简而言之，我们可以认为由于以下两点原因，导致了拟物化设计已经被数字领域的原生设计手法，即扁平化设计所取代。

- 由于隐喻自身的局限性，可能会导致理解上的误区。
- 对于世界上根本不存在的新的服务形式，原本就难以用隐喻来实现。

扁平化设计的世界

综上所述，要充分运用并发挥元媒体这一表现形式的自由性和灵活性特点，就要采用扁平化设计。在扁平化设计的世界里，没有必要考虑如何去表现物理层面的制约因素，也没有必要考虑如何去表现文化因素，采用扁平化设计

能够充分发挥计算机的性能和设备的特性，这是一个能够自由进行设计的世界。

例如，因操作快捷而为人们所熟知的Todo软件中有一个叫作Clear[1]的应用，采用的就是扁平化设计。如果没有人告诉我们这是一种Todo软件，我们根本无从知晓它到底是什么，或者应该把它比作什么。但是它的操作性却非常自由。迄今为止，它那令人愉悦的快捷操作是无可比拟的。通过宣传视频[2]大家也能够感受到这一点。

不使用隐喻能创造出直觉来吗？

虽然说扁平化设计是一种不受约束的自由的设计方法，但是也并不是说它已经真正地达到了绝对自由的境界。

它的制约因素首先体现在计算机的性能和设备层接口之上。例如，多点触控和非多点触控环境下的设计方法当然会有所不同。

另一个设计上的制约因素则体现在人类的知觉、认知和身体特性之上。例如UI的动作方式或页面的隐藏方式对人类的知觉而言都是最基本的要素。iOS 7中使用视差效果[3]来表现纵深的手法，可以说就是利用了人类知觉特性的一种设计吧。

如果人们发现一种交互式的设计方法，能够将这种设备特性和人类特性进行相互融合的话，那么必将促进用户界面发生进化，创造出下一代智能手机的原生用户

---

[1] http://www.realmacsoftware.com/clear
[2] Clear for iPhone (Coming Soon!)-Official Video http://www.youtube.com/watch?v=S00H-rz7fGo
[3] 指随着观测者的移动而产生的重叠在一起的移动变化。

界面。经过一定的积累和沉淀之后，就会形成一种与之相应的世界观（规则），从而人们也就会逐渐地明白如何根据这种设计驾驭自己的直觉了。

毫无疑问，今后考虑了上述要素的UI技术在经过一定的积累和沉淀之后势必会彰显其重要性。但是，我想更为重要的应该是应用程序自身的定义能力和宣传能力。

应用程序设计的重点始终在于该应用是做什么的，要实现什么样的价值。但是，对于该应用具体是什么，在使用扁平化设计去表现的时候，因为没有了隐喻手法，所以相应地要比拟物化设计困难得多。因此，对于这种不容许使用隐喻表现手法的扁平化设计而言，定义能力就会变得尤为重要。定义能力就是指具体问题是什么以及应该如何解决，即问题和解决方法的明确程度。

另外，UI如何运行，遇到问题如何解决，如何体验操作快感等，更加需要演示和宣传来传达给用户。

UI设计的未来

这一期，我们从隐喻和元媒体的角度对于拟物化设计和扁平化设计进行了探讨。UI设计依赖于采用怎样的隐喻手法，需要考虑应用程序要解决什么样的问题以及要在怎样的范围内解决该问题。迄今为止，隐喻手法是UI设计方法论的核心，而扁平化设计从某种意义上而言，将是UI设计所面临的一种挑战。也就是说，在UI的表现形式和用户体验规模进一步拓展的同时，在不使用隐喻手法的前提之下，UI设计人员能够将多少价值传达给用户将是问题的关键所在。

特辑 1

UI 设计实践

提高用户满意度的设计、实现和验证方法

本特辑将要通过 Cookpad 网站* 介绍 UI 设计方面的实践知识。下面会以 Cookpad 设计的 UI 为例，将开发步骤划分为建立假设、进行开发和验证效果三个部分，由工作在第一线的工程师们向大家详细讲解 UI 设计的流程、注意事项等进行 UI 设计必须要了解的知识。

＊Cookpad 是日本最大的在线食谱分享网站。——译者注

## 第1章

开发人员所追求的 UI 设计

明确为用户提供的目标

文/五十岚启人（IGARASHI Hiroto） Cookpad 股份有限公司
译/卫昊

本特集主要通过 Cookpad 公司的设计师们常用的 UI 设计方法，讲解一些设计师和开发人员必须了解的基础知识。

作为特辑的开篇，本章将介绍开发人员对待 UI 设计应该持有的态度，即开发人员为了使自己开发的服务获得成功，应该如何理解 UI 设计，以及作为一名开发人员，UI 设计能使自己得到怎样的成长。

UI 设计的目的

UI 是你开发的服务与用户之间的连接点。用户通过 UI 使用你的服务，评价你的服务。而 UI 设计就是设计服务与用户之间的关系，这是一个非常有意义的过程。

说到 UI 设计，大家可能会联想到绚丽多彩、富有魅力的图形图像。图形图像固然可以提高用户对服务的印象分，使用户更加愉悦地使用我们的服务。但是，图形图像只不过是 UI 设计中的一部分，即便没有这方面的专业技巧也完全可以设计出漂亮的 UI。

实际上，UI 设计最重要的目的是：使用户认识到自己通过服务能达成什么目标，并指引用户以正确的方式使用服务所提供的功能来顺利达成这些目标。为此，我们不仅要针对用户操作的画面进行设计，还必须要从用户的整体体验出发进行 UI 设计。

开发人员必须了解的基础知识

在我所效力的 Cookpad 公司，开发人员都被称为"造物者"，受到别人的尊敬。除了开发产品，我们还要深入思考这些产品能使用户获得何种价值和体验。

这是因为一个无法明确用户能获得何种价值的服务，最终在商业上也会变得毫无价值，而且浪费开发以及 UI 设计的资源。

设计用户通过服务可以获得的价值

那么，就用实例来确认一下 UI 设计和服务价值之间的关系吧。

Cookpad 一般被认为是一种"寻找食谱的服务"，但这并不是用户通过 Cookpad 可以获得的最本质上的价值。"寻找食谱"不过是 Cookpad 上的功能之一，其本质上想向用户提供的价值则是"发现今天想吃的东西"。

比如从搜索功能上也能看出这点。除了 Cookpad 以外，在搜索引擎上寻找食谱也是可以的。但是，Cookpad 的搜索功能想提供的从来不仅仅是寻找食谱，而是找到今天想吃的东西这一价值，我们需要以此为目标来进行 UI 设计。

在开发服务时，理解自己开发的服务要向用户提供何种价值是十分重要的。能否在此基础上进行 UI 设计，是决定 UI 优劣的关键性因素。

在平时就去体验各式各样的服务

那么我们到底该如何通过服务向用户提供最好的体验和 UI 设计呢？

对开发人员和设计师来说十分重要的一点是：在平时就去体验和了解由不同人提供的、各式各样的服务。这样自己在进行设计时，就可以选择同样的手法。

◆ 体验其他 Web 服务提供的用户体验

对开发人员来说，体验和自己所要开发的服务相似的，或者自己感兴趣的各种服务和应用程序是唾手可得的事情。开发人员可以先列出一张清单，上面写上与自己想要开发的服务、在工作中正在开发的服务相似的数十个服务，然后分别使用、学习。

◆ 体验现实世界中的各种服务

可能的话，体验现实中世界各地的、由不同的人提供的各种服务，对提高自己所开发服务的品质一定有着很大的帮助。

例如，著名的设计公司 IDEO 为了再次设计医院急诊室的工作流程，就去观察美国有名的纳斯卡赛车（NASCAR），并从赛车修理站获得了灵感[①]。乍一看二者毫无关系，但运送至急诊室的急救病人和进入修理站的车手一样，都是为了恢复正常，而变成了"任人摆布的状态"，在这一点上他们有着很相似的体验。

◆ 体验各种事物时需要注意的事项

在体验其他人下工夫开发的服务或 UI 设计时，我们需要意识到下面两个问题，这样才能够更加深刻地体会到对方的用心良苦，然后带着尊敬去"盗用"对方的成果。

- 注意好的地方，而不是差的地方。
- 发现并观察与自己性质不同的地方，而不是相同的地方。

世界上有许多人在精心打造并努力提升服务的品质。让我们体验不同的服务，总结它们

---

① 在 Diamond Online 的报道"仅拥有 600 名员工，却和苹果、谷歌并肩的世界上最具革新性的公司——IDEO 的思考方式"中提到过这件事。http://diamond.jp/articles/-/36808?page=3

的特点并好好领会其中的精华吧。随着经验的积累，你也会变得更加注重用户的体验。

如何明确为用户提供的目标

前一节叙述了在进行 UI 设计前，我们必须明确所开发的服务向用户提供何种价值。下面将讲解从整理服务的价值到进行 UI 设计前的这个阶段。

✎ 制作产品定义文档

在头脑中确定了服务应向用户提供的价值之后，为了明确服务的目标，我们还要将其落实成"产品定义文档"。

产品定义文档是非常有力的工具，它能与一起开发服务的伙伴共享目标，或让自己在一人开发时不偏离服务的方向。

产品定义文档只要包含下面的要素，以何种形式书写都没有关系。

- 什么样的人使用这项服务？
- 用户使用这项服务是为了解决何种问题？

产品定义文档根据人和团队的不同，有着各式各样的叫法、书写方式以及定义方法，下面介绍几个 Cookpad 使用的框架方法。

❶ Emotion Oriented Goal Sheet（EOGS）

这是在 Cookpad 使用时间最长的一个框架。我们会列出主要的利益关系者，以他们的根本需求作为出发点，找出他们的共同目的，制定服务目标。因为拥有明确判断何为成功的标准，同时能够提供数字上的参考，所以这种框架在商业上也可以使用（图 1）。

❷ 根据用户故事定义服务

这是在开发较小规模的服务或添加新功能时可以使用的框架。这个框架不以"能够寻找食谱"这种功能性的描述来定义服务，而是采用"互联网用户每日为吃饭烦恼时，能够决定想吃的

东西并知道如何制作"这种形式，制作以解决用户问题为核心的用户故事模板（图2）。

❸ 价值假说

价值假说和❷很相似，但是更加关注用户遇到的问题。如图3中的模板所示，这个框架从用户的角度来定义服务的价值。

❹ Goal Directed Design

这是通过创建虚拟的人物角色，并归纳这个虚拟用户的各种情感来定义产品的方法。这个方法将在第2章中以实例进行详细的讲解。

◆ 苹果和微软推荐的方法

在Cookpad公司内部，不同的服务规模和不同的团队都会有各种不同的框架方法，那么不同的企业当然也会有各种各样的方法。例如苹果和微软发布的文档中就推荐了如表1所示的方法。

要想检验这些框架方法是否好用，将一个已经成功的服务或产品代入它们来一一验证也许是个不错的选择。

◆ 修改产品定义文档

产品定义文档的内容根据服务的状态和阶段会发生很大的变化。Cookpad最初也不是把"决

▼ 图1　EOGS 的例子

▼ 图3　使用价值假说表的例子（按人气搜索食谱）

用户	<u>寻找食谱的用户</u>
需求	希望可以<u>尽早决定今天要做的料理</u>
课题	<u>食谱太多了不知道该如何决定</u>
产品特征	<u>可以搜索人气食谱的话将会很有价值（价值）</u>

▼ 图2　使用用户故事表的例子

作为一个<u>手机用户</u>，当我在制作料理的时候，希望可以<u>在不弄脏手的情况下浏览食谱</u>

▼ 表1　其他定义方法

事例	URL
苹果提出的公司内部应用程序开发的例子	http://www.apple.com/jp/business/accelerator/plan/define-your-app.html
微软提出的 Windows 商店应用开发的例子	http://msdn.microsoft.com/zh-cn/library/windows/apps/hh465427

定每天该吃什么"作为核心的服务目标，而是以"能够轻松刊登食谱"作为其核心价值。

为此，Cookpad 十分重视以传统地刊登食谱为目标的用户 UI 设计。不过也正是因为 Cookpad 在服务初期明确的这一核心价值，现在才有可能收集到如此之多的食谱吧。

 撰写达成目标的脚本

明确了向用户提供的价值之后，我们还要为了确保用户可以顺利到达服务的"终点"（即使用服务达成某种目标）而进行架构设计。

◆ 导致用户"迷路"的原因

主要有两个因素会导致用户在前进时"迷路"。

❶ 无法认识到该以怎样的步骤达成目标，无法理解步骤间的关联性
❷ 个别步骤无法如愿以偿地使用

UI 设计的主战场在第 2 个因素上，但如果因素 1 有理论上的破绽，那么无论在因素 2 上下了多大的工夫，也不会提升用户对服务的评价。以公交车为例，最近，电子票的引入使得我们在坐公交车时付钱买票变得非常简单。但是，根据地域的不同，有着前门上车、后门上车、上车付钱、下车付钱等各种方式，乘客必须在公交车到达的一瞬间，根据车体的外形区别、判断它们。公交车原本是达成"移动到别的地方"这一目标的手段，结果却给使用者带去迷惑和不安，让他们犹豫是否还要使用这个手段。

◆ 撰写脚本的步骤

为了让用户可以顺利到达服务的"终点"，让我们来撰写一个脚本范例，描述服务的使用步骤。

• 将条目列在纸上
• 在纸上画出简单的画面迁移图

以刚才的公交车为例，按照共同的目标，将用户划分为等车、乘车等阶段，并列在纸上。讨论一下每个步骤中哪些事情是必要的，步骤的顺序是否难以明白，然后在纸上画出简单的

模型。这个方法有很多具体做法，在第 2 章中将配合实例进行讲解。

可能的话，我们还要与他人交换意见，按照之前定义的"产品定义文档"编写脚本，然后再进行各步骤的 UI 设计，并且为了用户可以如愿以偿地完成各个步骤而进行相应的调整。

提供具有一致性的 UI 设计

前面讲述了实际进行 UI 设计需要的各种前提和准备。具体的 UI 设计方法和技术将在第 3～5 章中介绍，但它们都以如下几条内容作为基础。

 为了用户不会迷失目标而进行 UI 设计

要想让用户可以使用服务达成目标，排除途中会迷惑用户的因素是十分必要的。为了使用户不会受达成目标以外的因素影响，进行 UI 设计时常常需要确认如下内容。

• 服务是否与操作系统的标准 UI，或者与提供相似价值的知名服务的 UI 相似，用户能否凭借已有经验直接使用我们的服务
• 是否统一了服务中图标与文本的显示和使用方法，是否可以预测用户使用 UI 的结果

向 UI 设计中增加新内容时，最需要注意的就是设计的一致性。没有一致性的 UI 设计会导致用户陷入混乱，注意力被分散。

而且，我们也需要慎重考虑用户是否真的需要这个 UI 或功能。开发人员经常会自作主张地添加一些不必要的功能和信息。总之，我们要慎重考虑新添加的 UI 或功能能否对用户达成目标提供帮助，仅仅保留绝对不能缺少的内容才会提高我们服务的品质。

 使用用户可以理解的语言

UI 设计中开发人员很容易将重点放到图形和布局设计上，但是配合 UI 使用的语言也需要十分注意，特别是如下几点。

- 一致性的书写和表达方式
- 使用用户立场的语言（例如：加入会员需收费→加入会员需要交纳手续费）
- 使用服务对象（即用户）熟悉的语言

 99%的引用和1%的原创

有时我们在开发新的服务时，会精心设计并准备新服务专用的UI，而这正是最需要我们慎重的时候。

旧的UI经过长时间的使用，积累了各种知识和用户的反馈，是用户体验的宝库。学习和再利用这些经验，可以防止开发人员"重新发明轮子"，从而有效率地进行UI设计。参考类似的作品，你的服务中有99%的部分可以再利用已经存在的UI，最后再加上1%精心设计的、具有你自己服务特征的UI就可以了。在UI设计上，引用成功者的成果并不是一件可耻的事。

 学习各操作系统的设计指南

各个操作系统都会向开发人员提供一套标准的UI组件，让他们在开发服务时可以重复利用。而且，各个平台都会将各自UI组件的使用方法整合为"设计指南"并公开，开发人员可以从中学习到各个操作系统的UI设计模式以及"文化和理念"（Tone and Manner）。

具有代表性的设计指南如表2所示。在Web上搜索它们后就可以免费阅读。这些指南毫不吝啬地公开了各公司的顶级设计秘籍，我建议各位读者务必浏览一下。在和其他设计师、开发人员一同进行开发时，学习过各个操作系统中UI组件的名称，还可以使相互间的沟通变得更加简单。

而且，在进行非各操作系统原生应用程序的Web开发时，通过学习各操作系统的理念，吸收各个操作系统的优点，我们就可以设计出不针对特定操作系统用户的通用性的设计。

总 结

对于想尽早开始UI设计的读者来说，本文到现在为止似乎都在"绕远路"。可是，开发人员应该抑制自己急于开始设计的心情，首先从自己开发的服务着眼，认真思考、整理，这才是使UI设计成功的最为重要的一点。

既然UI设计前需要做的准备都已经完成了，下一章我们将配合实例解说UI设计的具体步骤和技巧。

▼ 表2　具有代表性的设计指南

名称	URL
iOS Human Interface Guidelines	http://developer.apple.com/library/ios/documentation/userexperience/conceptual/mobilehig/
OS X Human Interface Guidelines	https://developer.apple.com/library/mac/documentation/UserExperience/Conceptual/OSXHIGuidelines/index.html#//apple_ref/doc/uid/TP30000894-TP6
Android Design	http://developer.android.com/design/index.html
Windows商店应用程序的UX指南	http://msdn.microsoft.com/zh-cn/library/windows/apps/hh465424.aspx
Windows用户体验交互指南	http://msdn.microsoft.com/zh-cn/library/aa511258.aspx

## 第2章

为了 UI 设计而进行的用户体验设计

找出用户想要达成的目标

文/伊野亘辉 (INO Noriteru)　Cookpad 股份有限公司　译/卫昊

URL http://cookpad.com/　**mail** noriteru-ino@cookpad.com　**Twitter** @memocamera

考虑何为好的设计

在设计服务的 UI 时，首先我们必须好好考虑"究竟何为好的设计"。无论使用何种服务，人们总是有意识或无意识地想要达成某种目标。这个目标可能是"获得有用的信息"，可能是"轻松确定每天的菜单"，也可能是"寻求他人对自己的认同感"。

好的服务就是可以帮助用户通过行动达成目标的服务。明白了用户的目标后再进行服务的 UI 设计是非常重要的。

本章将从对用户目标的调查、设计，重要功能的选取这两方面出发，结合 Cookpad 的 iPhone 应用开发实例来介绍 UI 的设计方法（图1）。

 用户想要达成何种目标

用户使用服务到底是想达成什么目标呢？我们又该如何发现这个目标呢？有几种方法可以帮助我们明白这些问题。

最简单的方法就是直接听取用户的意见，观察他们的行动，这种方法一般被称为用户调查。以调查得到的信息为基准进行开发，自然而然就能知道如何才能开发出好的服务。

在服务开发初期，精心地进行用户体验设计，明确开发小组中大家应该完成的目标是非常重要的。如果能做到这点，可以说服务开发已经有了一个成功的开始。

▼ 图1　使用本章介绍的方法开发的 Cookpad 应用

用户体验设计的步骤

用户体验设计分为如下几个步骤。第1章提到过的产品定义文档就是通过前5个步骤实现的，并且最终记入用户体验设计书。

❶ 找到作为调查对象的用户
❷ 对用户进行调查
❸ 挖掘用户的目标
❹ 创建人物角色（Persona）
❺ 制作用户体验设计书
❻ 撰写脚本
❼ 从脚本中挑选出重要的功能
❽ 进行 UI 设计

进行用户调查，首先我们要寻找出会使用自己服务的人群。用户调查时可以使用用户采访和用户行为观察两种方法，根据调查得到的数据发现用户想要达成的目标，然后再根据这个目标创建一个人物角色，想象该角色在使用服务时会如何行动，并将其写成脚本。最后挑选出需要实现的功能。

从服务的着手准备到进行开发、UI设计的这个过程中，用户体验设计作为对服务整体进行的设计，常常像指南针一样为开发指明方向。

为了发现用户的目标而进行调查

为了发现用户的目标，我们可以使用用户采访和"人种志（Ethnography）调查"两种方法。

找到用户

调查的第一步就是找到作为调查对象的用户。因为如果调查的是不使用我们服务的人群，那么就算发现他们的目标也没有任何意义。为了避免不着边际的用户体验设计，在用户调查开始之前，我们应该先找到能够作为对象的用户群。

如果制作的是智能手机的应用，那么我们就必须以使用智能手机或者将要使用智能手机的人群作为调查对象。料理相关的服务则要以平常做饭或者将要开始做饭的人群作为对象。根据服务的不同，我们还需要从年龄、性别、居住环境、工作、使用服务的环境、服务的特性等多个角度出发来发现用户群。

如果能接触到这些用户，那么请求对其进行直接调查即可。除此之外，还可以拜托自己身边的人，对他们进行调查。需要注意的是，如果选择身边的熟人作为调查对象的话，可能会因为先入之见而很难获得有效的信息，所以我们应该尽量选择日常生活中没有来往的人作为调查对象。这种对象的筛选也可以通过网络招募或者委托专门的调查公司来执行。

Cookpad手机应用的开发，主要面向有着以下特征的用户：26岁~32岁的家庭主妇/已婚/

有孩子/使用Cookpad一年以上/制定菜单/实际制作料理/一周使用Cookpad 4~5次以上/一周至少创建一个食谱/使用智能手机。这是在使用Cookpad服务的人群中通过直接调查得出的结果。

用户采访

用户采访是一种直接与调查对象见面，听取他们意见的方法。采访1个人大约花费30分钟至1小时，一共采访5~10人左右即可。人数过少的话，很难获得有效信息；人数过多的话，则会浪费太多时间。

◆ 不要寻求解决方法

在实际采访中，很重要的一点是：不要询问用户诸如"你觉得我们怎样做比较好"这样的问题。因为我们想要找出的是"用户想要达成的目标"，而不是要用户告知我们解决方法。这样说你可能会觉得很难，但是如果使用合适的问法进行调查，就可以获得非常有用的信息。

我们也不应该把用户当作设计师去询问。即使这样问了，用户给出了某种回答，大部分也只是有局限性的意见，或者是没有认真考虑过、脱口而出的回答。

◆ 需要询问的事情

那么，我们问些什么比较好呢？例如，平常是如何使用某项服务的？什么时候会感到有压力？如果某一功能没有了，使用什么来取代它？什么时候会觉得很开心？通过类似这样的问题引导用户有意识或无意识地说出他们想要达成的事情。用户的回答中若有值得注意的地方，我们还应该追问"为什么会这样？"重复地询问原因，可能会帮助我们找到用户的根本目标。

- 什么时候觉得开心
- 什么时候会感到有压力
- 使用什么作为替代品
- 询问以上问题答案的形成原因

在Cookpad手机应用的开发中，我们向用户询问诸如"什么时候觉得料理是最幸福的事情？""制作料理时讨厌的事有哪些？""对料理来说最重要的是什么？""这个应用没有了的话怎么办（用什么来代替）？"之类的问题，没有实际地观察，而是让用户用语言告诉我们平常都是如何使用现有应用的。

◆ 思考值得注意的行为、发言

仅凭采访还是很难发现用户想要达成的目标的。结束一次采访后，开发小组可以进行头脑风暴，将用户发言中可能隐藏着的目标逐条写下来。从值得注意的行为或发言中，应该还可以发现10～20条疑似用户目标的内容。

人种志调查

人种志（Ethnography）调查是一种为了理解人们是如何生活的而进行的实地调查方法，原本使用在文化人类学等领域。在服务开发中，这种方法就是指前往用户平常使用服务的环境，观察、调查用户到底是如何使用某种服务的，这样可以真实地掌握用户使用服务时的状态。

与用户采访不同，这种调查的优点是不会掺入过多的主观因素。当然，在现场我们也可以向调查对象询问各种问题，但不是询问和用户采访中一样的问题，而是向用户请教这是什么东西或者为什么这样使用等。

用户调查的缺点

用户采访的缺点是：将用户带到某个特定的场所询问，可能会使用户的回答发生主观上的偏移。

相反，在人种志调查中，由于我们是在用户平常较为熟悉的环境中对其观察、调查，所以几乎不存在主观上的因素。相对于用户采访，我们可以更加准确地观察用户是如何行动的，以及在他们使用过程中哪里遇到困难又是打算如何处理的，等等。

不过，在Cookpad手机应用的开发中，主要进行的是用户采访。这是因为我们想要在有限的时间内尽可能多地听取用户的意见，而人种志调查需要一定程度上的时间和经验。总之，

我们应该根据自己的开发时间和成本来选择调查的方法。

制作人物角色和用户体验设计书

完成用户调查后，我们应该根据调查而来的信息，把多个调查对象整合为一个虚拟的人物角色（Persona）。

人物角色是什么

如果根据多个对象模糊地开发服务的话，开发人员很难想象现实中用户是处于何种环境又是怎样使用服务的。为了避免这种情况，让开发人员意识到这是在针对一个具体的人物形象进行开发，我们需要创建一个虚拟的人物。像这样将多个人的信息整合后形成的一个新的整体就叫作"人物角色"。

人物角色代表了作为服务对象的特定用户群，所以在有多个用户群时，也可以创建多个人物角色。创建人物角色最为重要的是要基于调查得到的真实数据进行创建，注意尽量不要将创建者个人的想法融入到人物角色中。

而且在实际开发时，人物角色可以避免开发小组对自己开发的产品产生动摇。小组成员不会再使用各自定义的"用户"这一模糊的词语，仅仅在这一点上，人物角色就体现了它的价值。

创建人物角色

用户调查结束后，我们要将用户的行为或动机以条目的形式稍加整理，为了日后方便可以将它们一个一个写到便签上。在理想情况下，一次调查应该可以列出10~20个条目。

这个列表整理完成后，我们再根据行动或动机的模式和频率将数据分组，这样就能看出明显的用户行为模式和动机模式。接着，根据分组后的数据，在团队中通过头脑风暴的方法推导出用户到底有哪些目标，然后按照目标出现的频率进行排序。

创建人物角色至少需要设定如下属性。

- 姓名
- 脸部照片
- 年龄、性别
- 职业
- 简单的人物形象
- 在何种环境中使用服务
- 想要达成的目标

其中，"想要达成的目标"要划分为下面三种。

 情感目标

情感目标指明了用户想要通过使用服务产生什么样的情感（每个人物角色大约1～2个）。

【例】

能够切实体会到应用就像是自己专用的料理手册

 功能目标

功能目标通过描述用户使用服务"可以完成什么"来指明服务的功能（每个角色大约4～7个）。

【例】

- 找到用家里现有的材料就可以轻松制作出的料理
- 轻松地从收藏食谱中找出自己想要的食谱
- 轻松地比较多个食谱
- 可以学习非千篇一律的、新颖的食谱

 人生目的

人生目标描述了用户希望通过持续使用服务，自己可以成为什么样的人。这是与人生观相似的、需要长时间来达成的目标（每个人物角色约1个）。

【例】

想要成为可以亲手为家人制作美味料理的母亲、妻子

....

在Cookpad手机应用的开发中创建的人物角色如图2所示。

从用户目标提取而来的功能列表如图3所示。我们列出了在用户调查中值得注意的行动或动机，按照出现频率将它们排列。然后针对其中"轻松地从收藏食谱中找出自己想要的食谱"这一目标，实现了"整理我的收藏夹"功能，让用户可以简单快捷地达成目标。

▼ 图2　Cookpad手机应用开发中的人物角色

小松菜菜

基本信息
性别：女性
婚姻状况：已婚
家人：丈夫、孩子（一岁半）
居住地：东京
职业：家庭主妇
料理：制定菜单的人/实际制作料理的人

Cookpad 的使用
使用时间：1年
设备：iPhone（设备使用时间：1年）、PC
会员种类：高级会员（时间：半年）
使用频率：几乎每天都用
制定菜单：一周3~4天

人物形象
小松是个每天都忙于家务和照顾孩子的新手妈妈。因为丈夫外出工作，白天都是和一岁半的儿子一起度过。以前也工作过，但是结婚以后就成了家庭主妇。为了家人的健康着想，想要尽量自己制作料理。听到家人说"好吃"是她最开心的事。所以她为了提高自己制作料理的技术，避免每天都是一成不变的菜单而不懈努力着。
虽然小松每天都制作料理，但是因为做家务和照顾孩子很忙，没有办法做精致却很花时间的料理。
冰箱里的食材她基本上都能记得。
只有在照顾孩子的间隙，她才有时间制定菜单和制作料理。
虽然没有和双亲住在一起，但有时小松会和母亲交流关于制作料理的想法。
小松使用的手机设备是iPhone，一般使用苹果自带的应用或者LINE应用，不过收费应用的购买欲望不强（有过购买相机应用的经历）。

使用应用的情况
小松下午做完家务后，一边思考晚餐的菜单，一边参照冰箱里的食材使用关键字搜索。发现了喜欢的菜单后，立刻把它加入到"我的收藏夹"※中。自己过去制作的料理也可以到"我的收藏夹"中参考。

问题
"我的收藏夹""我的厨房""我的作品"……这些分类让自己的食谱分散在不同的地方，无法顺利查找（使用多个设备）。
历史记录的切换很麻烦，用起来不是很方便。
从"我的收藏夹"中找出自己喜欢的食谱很困难，只好经常通过交替地"添加"或"删除"来改变其中的顺序。
想把自己的作品拍得漂亮点，但效果总是不满意，只好使用其他的相机应用修图后再上传。

目标
参考图3

※ 可以给Cookpad中的食谱添加书签的功能。

制作用户体验设计书

用户体验设计书是指将至今为止创建的多个人物角色及其想要达成的目标整合成一张工作表，我们只看一眼这张表就可以确定使用该服务的用户想要达成的目标和用户相关信息。因为开发小组内部经常共享这份设计书，所以开发人员在遇到问题时常常会回到这里寻找原因。

即使是在开发的过程中，我们也应该经常去确认自己正在开发的产品是否可以提供我们所设计的用户体验。

Cookpad手机应用开发时使用的用户体验设计书如图4所示。

撰写脚本

用户体验设计书完成之后，我们需要编写一篇文章来描述每个人物角色是如何使用服务的，这篇文章就是脚本。不同的人物角色在何时、何地、想要达成何种目的、以何种方法使用服务是撰写时要注意的问题。通过写出脚本，我们可以更容易地挑选出重要的功能或想象出UI设计中所需的交互性。同时，以脚本（故事）形式向小组的成员或者其他人说明服务，还会起到事半功倍的效果。

不要忘记将"用户体验设计书"中所记录的、达成目标的方法也写入脚本中。在开始阶段，不要过于在意具体的实现方法或者是否可以实现，重要的是自由发挥想象力去编写。撰写脚本时不妨当作人物角色是在使用魔法工具达成目标吧。

实现的具体方法在实际的开发阶段去寻找即可，现阶段我们主要的任务是写明白用户是如何达成目标的。需要注意的是，关于用户的使用情况，不要以我们自己的想象、而是以调查而来的实际数据为基础进行撰写，长度大约控制在一张A4纸的程度。

至此，脚本的撰写就告一段落了。

【例】

下午3点，我看了看冰箱，用现有的食材作关键字搜索出几个似乎挺好吃的食谱。我还尝试用其他的食材多搜索了几次。这款应用根据以前我保存的记录还自动挑选出了相似的食谱……

根据脚本挑选功能

然后我们就要根据完成的脚本，挑选出服务必要的功能了。脚本中应该描述了人物角色在何时、以何种方法行动，根据人物角色的行动实际进行模拟，写出必要的功能。必要时通

▼ 图3　从用户目标提取而来的功能列表

过在小组中进行头脑风暴来完成这项工作也是不错的选择。

我们没有必要添加没有写在脚本中的功能，根据优先次序大胆舍弃不必要的功能也是需要勇气的。如果真的存在不得不添加的功能，则很有可能是用户体验或人物角色的设计有问题。这时，请回到用户体验设计书重新考虑，是不是遗漏了某些必须要达成的目标之类的。如果不在这个阶段认真修正的话，后面不符合条理的情况可能会越来越多，到了正式开发阶段也许就会导致开发的失败。

Cookpad手机应用挑选的功能（食谱搜索部分）如下所示。

- 关键字搜索
- 搜索关键字自动补全
  - 补全经常搜索的关键字
  - 推荐经常搜索的关键字的组合

- 常用关键字历史
- 搜索关键字的历史
- 排除关键字搜索

准备设计UI

从脚本中提取出必要的功能后，我们就可以进行UI设计的准备工作了。尽量不要在UI体验设计结束前考虑UI的设计和安排等，一步一个脚印才是重要的事情。

制作纸质模型

接下来我们以脚本和主要功能为基础，考虑一下如何实际安排UI。实际的交互方式或主要功能随着脚本的不断修改也要有所改变。以脚本为基础，参照用户的实际使用环境和行动来安排功能，可以让我们设计出更好的UI。

▼图4　Cookpad手机应用开发时使用的用户体验设计书

产品定义文档					帮助每天在家制作料理的人决定今天菜单的应用
目标设计					
人物角色	**目　标**				人物形象
	人生目标 （想成为什么样的人）	功能目标 （可以做什么）		情感目标 （希望有怎样的感受）	
 小松菜菜 【主要人物】 0.7 人物角色表	想要成为可以用亲手为家人制作美味料理、让家人开心的母亲、妻子	可以找到用家里现有的材料就能轻松制作出的料理	aF-1	每天决定菜单时不会为那么难	aE-1	27岁/女性/家庭主妇/东京 与丈夫和孩子、三人一起生活。 高级会员。 每天都忙于家务和照顾孩子的新手妈妈。以前也工作过，但结婚后成为了家庭主妇。 为了家人的健康着想，想要尽量自己制作料理。听到家人说"好吃"是最开心的事。 虽然每天都制作料理，但是因为做家务和照顾孩子很忙，没有办法做精致但是很花时间的料理。 使用的手机设备：iPhone 一般只使用Apple自带的应用或者LINE应用
		可以轻松地从收藏食谱中找出自己想要的食谱	aF-2	感觉这是自己专用的食谱手册	aE-2	
		多个食谱可以轻松切换、比较	aF-3			
		可以轻松地保存自己喜欢的食谱	aF-4			
		可以学习非千篇一律的、新颖的食谱	aF-5			
远藤沙也加 【次要人物】 0.1 人物角色表	希望可以通过料理展现自我，获得他人对自己的认同感	可以上传自己原创的食谱	bF-1	通过其他人按照自己上传的食谱制作料理来得到快乐并获得认同感	bE-1	28岁/女性/公司员工/神奈川县 独居。 高级会员。

包含布局在内的 UI 设计并没有统一的标准答案。拿不定主意的时候，我们可以把所有的可能性都列出来，以撰写的脚本为基础，思考哪一种设计能让用户最轻松地达成目标，然后进行选择。

纸质模型的好处是可以重复地修改，所以在开始时我们不用把纸质模型画得很漂亮，而是把重点放在如何将之前挑选出的主要功能以最容易使用的形式表现出来。

纸质模型完成后，我们可以亲自试用，也可以请周围的人来试用。如果得到了反馈，就需要反复修改模型。例如可以将某些功能和其他功能分成一组，或者可以对多次重复显示的 UI 进行整合。

Cookpad 手机应用开发时，在正式使用 Photoshop 设计 UI 前，为了满足用户的目标，纸质模型反复制作了数十次，直至所有的功能和布局都安排地更为流畅。在完成到一定程度之后，又再次邀请了用户调查中的几名用户来试用（照片 1 ）。

总　结

进行 UI 设计时最重要的是始终将"好的服务＝可以达成用户目标的服务"这件事放在心上，认真地进行调查，最后再进行设计。需要将调查结果制作成设计书的形式，能让开发小组在任何时间都可以查看。这样可以避免在开发的过程中，开发人员被各种各样的用户想法所迷惑，随时随地改变计划或者完全不知道成员分工的情况。让我们一边参考通过假设写出的用户体验设计书，一边进行 UI 设计和开发吧。

本章所写的方法是根据文后的参考文献，在服务设计实践的基础上反复实验而得出的结论。服务开发中有着各种各样的设计方法，不能说哪一种是唯一正确的选择。有的方法仰仗一个人的才能，有的方法围绕功能进行开发，最重要的是能否开发出好的服务。其他的方法在各种书籍中都有记载，大家可以自行参考，应该可以找到符合自己公司或团队的设计方法。

■参考文献

Alan Cooper、Robert Reimann、David Cronin，《About Face 3 交互设计精髓》，ASCII MEDIA WORKS 出版社，2008 年

▼ 照片1　Cookpad 手机应用的纸质模型

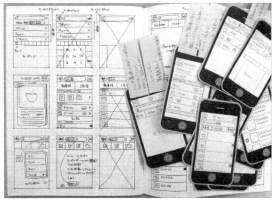

## 第3章

准确高效地实现！UI 设计的技巧

Cookpad 首页的设计过程

文/须藤耕平（SUDO kohei）　Cookpad 股份有限公司　**mail** sudo@cookpad.com　**Twitter** @sudokohey
译/卫昊

上一章我们就"为谁开发什么"这一主题，介绍了用户体验设计的方法。本章以 Cookpad 首页的重新设计为例，主要介绍在实现用户体验设计阶段定义的用户目标时，我们应该以何种方式向用户传达哪些内容等关于设计实现方面的技巧。

为了在最短的时间内实现可用原型

✏ 大规模开发时无法立刻完成原型制作

尽早实现最初的可用原型并实际对其进行测试、取得反馈并修改，这是在进行 UI 设计时最可靠的方法。

笔者在添加单一功能或者开发极小规模页面时，能够毫无怨言地不停编写代码，但是在开发新的、规模较大的服务或者站点时就不可能也是如此了。当我们所开发产品的规模较大时，实现硬件设施的时间、参与的员工数、意见的数量一般也会有所增加。

重新设计 Cookpad 首页的项目也不例外。访问 Cookpad 首页的用户，都有着许许多多不同的目标，他们都希望网站可以满足自己的各种需求。而提供服务的我们，又想赋予这种功能，又想赋予那种印象，也会有各种不同的想法。即便使用上一章介绍的人物角色、编写脚本等方法，或者运用其他框架可以让大家保持开发方向一致，可令人意外的是，在具体落实 UI 设计之前，或者说在实际设计工作开始之前，UI 在大家脑海中的印象仍都是各不相同的。

在这种情况下，为了能尽早统一大家的印象，缩短制作最初可用原型所需的时间，怎么办才比较好呢？

✏ 制作介于线框图和综合设计之间的模板

◆ 线框图和综合设计的问题

服务开发的一般流程是：由策划人员提出线框图，设计师据此制作出详细的综合设计，然后交给工程师去实现，在实现到一定程度后就进行最初的评价工作。当然在综合设计阶段也可以进行个别内容的评价，但是这时被提出的往往是"这里的颜色浓一点会不会好些？""按钮再稍微大一些怎么样？"等评价人员对产品外观的主观意见。这些与参照前期假设来解决问题等本质内容无关的讨论，往往会浪费许多时间。

本来是为了避免这种状况，我们才制作线框图的，但现实却未能如愿。很多人将线框图看作是粗略的框架，或者是为了可视化设计而设计的草图。而且，不从事开发的最终决策者

▼ 图1　Cookpad2012年11月版本的首页

仅看原型的话，他也很难想象出最终设计的UI是什么样子的。

◆ 制作模板

为了解决这个问题，我会首先制作介于线框图和综合设计之间的模板，其诀窍就是制作单色模板。单色模板最多只可以使用5种层次的颜色来承载不同的信息，因此不用考虑跳跃率、图版率等多余的装饰，对于仅需要设计出大体框架来说，这种模板是非常实用的。

顺便说一下，在这个阶段虽然并不需要追求设计细节的完成度，但是因为需要通过实际去观看、阅读来进行评价，所以关于图像和文本，我们应该尽可能使用实际的数据，而不是留空它们，而且要尽量使用值得反复讨论的数据。如果不这么做的话，留空的部分每个人会擅自地去填补它们，从而导致该部分产生不同的含义。

评价人员一同观察这个临时的状态，仅仅把要将何种要素、以何种程度、布置到哪个位置和表现出何种印象作为评价的对象，那么讨论的重心自然会放在它能否达成设计好的用户体验上。

另外，模板在从开发小组以外的人获得反馈时也会发挥很好的效果。人们对下了一定工夫制作的原型，往往会下意识地回避负面的反馈，只有在模板阶段既能够在整体上有所提高，又能够正确收到信息，这正是获得高质量反馈的大好机会，错过就可惜了。

这种制作中间模板的方法，不需要太在意外观，也不需要实际实现的技术，所以没有必要在一开始就指派很多员工，也可以在较短的时间内完成模板。这个可以缩短最初可用原型制作时间的技巧，请大家务必要尝试一下。

不遗漏也不重复的画面构成

这部分说明一下关于制作单色模板的具体问题。

大多数的情况下，我们通过页头和页脚、主栏和侧栏等多个部分的组合来构成一个页面，而构成页面的关键点就是要明确各个部分的职责。

✏ 构建商场的入口

Cookpad这次重新设计的首页将主栏分为四个职责（图3）。

◆ 招牌

如果将Cookpad网站的首页看作是商场的入口，那么最重要的事情就是传达出我们以何种商品作为中心，也就是说需要招牌这类的区域。所以，首先要布置的就是每天在这个区域刊登由工作人员挑出的精选食谱。

◆ 展示窗

然后，还需要有一个与新商品展示窗功能类似的区域。因为这里更新频率也很高，所以把这部分和看板并排，作为首屏。

◆ 指引牌

接着是经过商场入口一定会看到的东西，那就是各楼层的指引牌。为了直截明了地展现出Cookpad有哪些种类的食谱（也考虑到那些不习惯使用搜索的用户），我们选择最主要的类别，将它们以列表的形式布置。

◆ 各楼层的推荐商品

最后剩下的中央区域集合了各个卖场的推

▼ 图2　制作单色模板

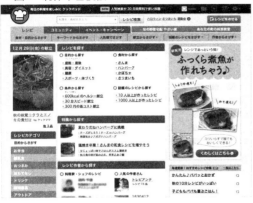

荐商品。由于这里的面积比较大，所以把它们按照"寻找食谱""购买食材"和"学习制作料理"这些目的进行了细分。

像这样根据各区域的职责来考虑页面的构成，可以使内容的整合更加容易。将广告分散穿插在内容中的网站不在少数，可是为了用户着想，还是将它们安排在一个地方比较好。Cookpad所有的页面都将广告集中到了右栏中。

标签的注意点

即使在制作模板的阶段，各个内容的标题和描述文本也是非常重要的部分。不要采用线框图中直接写着"文本内容"这种临时占位的处理方式，而是应该仔细斟酌后进行选择。这部分的关键点是保持简洁以及避免重复。

▼图3　将页面构成划分为4个区域

◆ 简洁表达

Windows的用户体验（UX）设计指南中记述了如下内容。

> 在打印设计时，我们要将执行最重要任务的元素标为重点，也可以进一步将UI文本内传递有用信息的个别单词标为重点。然后确定非重点元素，讨论是否可以从设计中删除它们。如果没有什么问题，就将它们删除。
>
> ——*Power and Simple*

http://msdn.microsoft.com/ja-jp/library/windows/desktop/aa511332.aspx

实际尝试后会发现，即使删除了也没有什么问题的文本出奇得多。减少单词量，使用"○○的××"这样两个词语就足够表达的情况也不在少数。

◆ 避免重复

像用于标题含义的"话题""特集""推荐"这种形式不同但意义差不多的词语如果频繁出现，很有可能是由于各区域的职责不够明确。这时开发人员应该讨论一下页面构成，看看能不能再进行一次总结。

◆ 避免特有的措辞

除非有特定的用户群或者特殊的目的，一般来说网站中应该避免使用特有的单词或表达方式。在Cookpad中有一个功能，可以给食谱作者发送一个名叫"值得一做"（就是很好吃、点赞的意思）的反馈。对于初次造访Cookpad的用户来说，理解"值得一做"这个文本的意思并不那么容易。

特别是在首页用词的选择上，开发人员需要格外地慎重。

可以直观理解的格式设计

接下来让我们一起探讨一下在各个区域中，

应该以什么样的元素组合成格式来表现相应的信息。

相邻的区域使用不同的格式

这部分的关键点是相邻的区域要使用不同的格式。例如，"精选食谱"区域使用了大图表示，那么它右侧的"最新内容"区域就不使用图片，而是以列表形式的文本来表示。因为最右侧是矩形的广告区域，使用列表将两张大图分开，既可以消除两张图片因为过近而造成的视觉冲突，也可以让每个区域都更容易被用户看到。

在整体页面中，为了不让图片和图片之间、列表和列表之间过于接近，我们可以将标题栏作为分割线使用，或者在区域之间的距离上下一番工夫，总之要尽量让各个元素都可以独立展现。

其实本来就没有明确规定某个信息应该以怎样的格式展现，但是参考上面这些技巧也不失为一个好的选择。

照片和插图分开使用

Cookpad 上有许多用户上传的、美味料理的照片。为了展现视觉上的华丽，很多人就会想以缩略图的形式大量布置它们，但实际上我们不应该这么做。缩略图本来是为了预览所链接的内容，或者为了吸引用户目光而存在的。但是缩小到 50 像素的料理照片，甚至没法让人看

清这到底是什么料理，过多使用的话很可能直接就被用户无视了（图5）。

在菜单分类的这个地方我们使用了信息量较少的插图或图标（图6）。对比一下缩略图和插图，大家可以发现，实际上插图要比缩略图直观得多。

特别是在照片较多的首屏部分，大图的使用最多不要超过3张[1]。

考虑到触摸式设备

在这个阶段，我们也应该考虑触摸式设备的问题。由于使用触摸式设备时，用户点击较小的文本链接会很困难，所以在 Cookpad 首页中，各元素的区块整体都是可点击的部分。

用户在用鼠标点击各区块时，主要的文本会附加下划线，缩略图会添加些许高亮等，在这种能提高交互性的细节上我们也下足了工夫。

当然也可以在编程的阶段进行这些 UI 的细节处理，但如果开发人员能事先有所考虑的话，后面的阶段就可以节省很多时间、做更多的事。

在修正产品的同时注意细节

经过以单色模板为基础进行的本质问题讨论，小组成员建立了对 UI 的共同印象，在这之后就可以进入实现的阶段了。

▼图4　不要让图片和图片互相接触

[1] 在刊登广告的站点上则应该是2张。

▼图5　缩略图不等于"速度"和"节约"

▼图6　使用插图"储蓄罐""计时器"直观展现

视觉设计和编程同时进行

以我的经验，实现时能够根据需要，把可以使用Photoshop设计细节元素的人当作原型开发的主力，并同步进行服务端的编程是最理想的状态。为了能近乎实时地修正与用户最终使用的UI无限接近的产品，开发人员需要和能够提供客观意见的人结对编程。

在开发的基础部分，多少都会有一些需要复杂逻辑的地方，这些地方要依靠专业的工程师以库的形式来编排。在这种分工下，如果他还可以承担一点包括设计部分细微修正在内的修改任务，那么产品的完善周期将会大为缩短。

在现实中的大部分情况下，视觉设计和编程是完全分工进行的，但即使是这样也需要制定不必等待对方任务完成也可以同时行动的工作流程。

Cookpad在几年前并没有专业的设计师，负责产品开发的工程师同时负责UI设计工作的情况也不在少数。这种方式的弊端是很难保持服务整体中UI的一致性，但是却可以高效开发产品，大大缩短产品到达可公开状态的时间。

不过现在引入提供统一UI组件的框架，也可能同时满足一致性和高效开发两个要求。

灵活使用Pull Request，提前记录有问题的事项并将其解决

作为开发人员记录并解决自身专业以外事项的一种手段，Cookpad将GitHub Enterprise的代码审阅引入到了流程中。

- 进行了设计上（外观）的修改时，贴出变更前后的截图（图7），请求设计小组来进行审阅
- 进行了可能对性能有所影响的修改时，例如添加了全体页面都要使用到的功能等，则请求专门的员工进行审阅

决定了这些简单的规则后，我们会发现这样可以极大地减少服务公开后，看到错误日志才发现的问题。

而且，如果在编写代码时就去进行审阅，

开发人员可以尽早地发现设计师完全没有设想到的、需要再添加进去的功能。类似这样的优点还有很多，所以我十分推荐这种做法。

根据公司员工的试用不断改善

最初可用原型准备完成后，就去邀请尽可能多的人来使用吧。无论是自我感觉设计地多么好的产品，在实际使用时，通过在显示器上显示、移动鼠标、点击等操作还是会发现许多之前从未注意到的问题。

在Cookpad，我们使用自主开发的名叫Chanko[2]的库，将开发中的原型作为正式的网站部署，员工可以轻松地作为用户试用。使用Chanko在公司内公开的原型，会覆盖原有的功能，也就是说部署之后，公司的全体员工几乎都会强制性地看到新上线的功能。这就和用户习惯了旧版界面，但某一天突然发现这个界面更新地面目全非时一样。当然，根据原型内容的不同，我们也无法排除会发生员工业务受阻的可能。

仅在这点上，内部的公开就需要和正式上线时同样慎重。但更重要的是，在这个阶段无

---

[2] https://github.com/cookpad/chanko

▼ 图7 在Pull Request概要中贴出截图

论是好还是坏，都要尽可能多地取得反馈，讨论并改善它们，看看在正式上线时，到底可以让质量提高到何种程度。实际上，开发人员在正式公开后也仍然会立即地、持续地重复这个步骤，所以趁着修改所带来的影响仅限在公司内部的这个时候，偶尔特意去尝试一下大胆的措施也是一个不错的选择。

至少听取5个人的意见

在不能使用Chanko这样的验证工具时，开发人员应该至少选取5名与目标用户相近的员工，从他们那获取反馈。经过这5个人的测试后，应该改善的大部分问题一般都可以被发现。带着可以正常使用原型的一台笔记本电脑，到5位员工的桌上就能进行测试，所以在构建测试环境比较艰难的时候，请大家一定要这样尝试一下。

其他影响提高用户体验的因素

速度是最重要的功能

Fred Wilson在演讲中曾经说过这样的话[3]。

> 速度不只是"功能"，而且是"最重要的功能"。没有人会使用反应迟钝的应用。

大家谁没有过这种经验呢？无论怎样以用户的角度设计体验，为了实现这些体验反复精炼UI，结果却因为回应速度过慢，导致产品完全没有办法使用。正如上面引用的话所说，我认为速度是胜过一切优秀功能的优势。例如，一个可以将许多食谱分类保存，任何时候都可以搜索的功能，响应速度却十分缓慢的话，会怎么样呢？用户本来很期待保存食谱之后能够

③ *10 Golden Principles of Successful Web Apps*
http://www.avc.com/a_vc/2010/03/10-golden-principles-of-successful-web-apps.html

随意搜索，但因为响应速度过于缓慢，就会觉得自己之前保存时花费的时间也白白浪费了，从而失去了对服务的信赖。用户对服务的信赖十分重要，一旦用户认为某服务"无法使用"，想让用户再次去使用该服务则是一件极其困难的事情。在开发服务时，这种非外观上的、性能上的问题，我们也要十分注意才行。

使用测试代码保证用户体验

有时会发生因为用户输入不准确或者访问了不存在的URL导致即使程序正确运行，用户也无法得到预期结果的情况。这种情况下，把原因反馈给用户并确保用户下次可以进行正确的操作，也是设计师的工作之一。使用测试代码保证常规行动是毋庸置疑的，但是当用户进入非常规流程时，为了避免上述情况的发生，测试代码就需要保证能够和用户进行恰当的交流。

这里的关键点是要站在用户的角度，思考如何能够帮助用户回到正常的操作流程，并为此准备相应的测试代码。这样，用户体验自身就得到了程序上的基本保证，设计师也可以更加放心。

总 结

从模板设计、实现到通过公司内部验证不断改善的方法，上文配合实例尽可能地介绍了一些实践性的内容。虽然我经常一个人执行所有的步骤，但正常来说在大多数公司，采取的都是分工的方式。这种情况下，小组成员应该认真明确各步骤的目标并建立成员对UI的共同印象，适当使用本章介绍的内容，尽量缩短从项目开始到产品初次发布所需的时间。

服务正式公开后，等待着我们的是验证假设、不断改善这一永无止境的循环。下一章我们将介绍验证假设的具体方法。

## 第4章

提高 UI 设计成果的验证技巧

比较测试手法和运用验证结果

文/片山育美（KATAYAMA Ikumi） Cookpad 股份有限公司 译/卫昊

mail ikumi-katayama@cookpad.com Twitter @monja415

专栏 文/五十岚 启人 IGARASHI Hiroto Cookpad 股份有限公司

本章将介绍 UI 的验证方法。这里的验证是指评价对 UI 进行的修改是否具有相应的价值。

在本特集介绍的内容中，"验证"可能是最让人觉得摸不着头脑的部分吧。本章的目标是，在理解为什么需要验证的前提下，介绍开发阶段该如何选择最适合的验证方法，同时也会就 Cookpad 的验证事例进行解说。

验证的目的

设计真正好用的 UI
突破开发中的盲点、发现 UI 的问题

大家必须要记住：不一定所有的 UI 改善都是"改善"。实际上，不少开发人员抱有自信的 UI 设计，在经过验证后都发现了问题，最后甚至没有公开。这样的情况在 Cookpad 也时常发生。

通过验证来发现 UI 的问题，可以帮助开发人员脱离自以为是的假设，进行有理有据的 UI 设计。

加快开发的速度
减少返工的次数

将验证加入工作流程中，短时间内可能会让人觉得增加了开发成本，但实际上是缩短了 UI 达到优秀水准所要花费的时间。

实现了完美的可用界面后再进行修改，需要花费很大的成本，这点大家应该都深有体会。因此，在开发初期我们就可以拿出几个 UI 模式，进行某种程度上的尝试，讨论一下各个模式的方向是否合适。这样可以避免由于在发布前夕突然需要返工而导致发布延期的情况发生。

结果的可视化和共享
避免纸上谈兵、为以后的开发积累经验

有了验证结果，就可以避免团队的纸上谈兵。在 Cookpad，大家普遍认为与其每个人按照自己的观点进行没有结果的争论，还不如赶紧使用某种验证方法得出实实在在的结果作为判断的依据比较好。

而且，我们都很清楚，设计很难用语言来描述，如果可以留下实实在在的结果，对验证者以及其他工作人员来说，都是一笔宝贵资产，可以供大家以后开发时参考。

验证的准备

UI 验证最重要的事情就是确定"为了什么，进行何种改善"的假设，并决定验证这两点假设的指标。第 2 章的用户目标设定与"为了什么"相关，第 3 章的实际开发则与"改善什么"相关，而本章的内容则是如何决定指标，对这两点假设进行验证。

再一次确认用户的目标

好的 UI 设计，用一句话来概括就是"可以达成用户目标的 UI"。

在设计界面的最初阶段，我们假设了用户的目标。开发出的 UI 和这个假设没有相背离，则是一个 UI 成为优秀 UI 的充要条件。所以在决定以什么样的指标进行验证时，我们必须要再一次确认用户的目标。

这个部分我用以前 Cookpad 网站（智能手机

版)进行的 UI 改善作为例子来讲解(图1)。在这个关键字搜索结果的页面上,我们设定的用户目标是"能够找到想要制作的食谱",但是却没有取得可以直接判断用户是否达成目标的数据,这时就需要考虑进行相应的调整。

 定义指标

制定几个指标来判断用户是否可以达成目标。在上面的例子中,关于用户找到的食谱是不是自己想要制作的食谱这一问题,我们利用了3个数值作为指标。

- **食谱点击率**

  在搜索结果列表中,点击了食谱链接,进入了详细页面

- **收藏率**

  将该食谱加入了"我的收藏夹"中

- **离开率**

  没有点击任何一个食谱,进入了和 Cookpad 没有关系的其他网站

选择多个数值作为指标的理由是为了避免一个数值的结果良好,其他数值却极端低下的情况。比方说,即使利用食谱搜索功能的人增加了,离开率降低了,但是如果食谱的点击率没有上升的话,我们仍然可以看作用户并没有找到想要制作的食谱。

▼ 图1　智能手机的关键字搜索结果页面

 验证改善前的 UI

为了确认 UI 是不是有所改善,我们必须要比较2个以上的数值才行,所以在改善已有 UI 时,一定要记录改善前的数值。另外,在开发新功能或设计新 UI 时,设定一个目标值也是不错的选择。目标值应该以什么为基准进行设定,刚开始会觉得很难把握,不过通过参考相似功能的数值,反复尝试,渐渐地就会掌握相应的估算方法。

在前面的例子中,智能手机页面 UI 的离开率约为20%。能够降低这个数值,就被认定是有所改善。20%这个数值可能有的人觉得多,有的人觉得少,不过这个数字意味着每天访问这个页面的数十万人中,有20%的人没有找到期待的食谱,对 Cookpad 不再抱有期待,数字已经算是相当惊人了。所以这个数值的改善,对提高 Cookpad 的信赖度会有很大的贡献。

验证的时机和方法

验证的准备完成后,就可以开始实际地进行验证了。

 阶段性验证

首先,我们要配合制作 UI 的各个阶段进行多次验证。如果开发人员可以在编写代码以前发现不合适的地方,就能以更低的成本改善有问题的部分。看起来不错的想法,花费半年时间实现了之后并没有得到一个好的结果,这样半年的时间就浪费掉了。每设计或开发一段时间就进行一次验证,可以帮助我们避免进行无用的实现。

还以刚才的关键字搜索结果为例,首先我们要把许多的想法以简单纸质模型的形式进行第一次比较验证。之后实现其中改善可能性较高的几个界面,并由开发人员自己或在团队内对其进行第二次验证。最后进行用户测试或面向少数人的验证。

组合多个验证方法

关于刚才说明的阶段性验证，在相应的阶段使用最合适的方法，可以帮助我们更加有效地进行验证。

基本上开发人员都是在开发初期选择可以多次尝试、成本较低的方法（如纸质模板等），而后期则选择成本较高，精度也较高的方法（如解析软件追踪等）。

常见验证方法的讲解和实例

Cookpad常用的验证方法，大体上可以划分为两种（表1）。

像纸质原型这种时间和人工成本都较低的验证方法，一般是用在UI没有定型的开发初期。开发人员使用这样成本较低的验证方法，在某种程度上可以看清UI的方向性。后面实现UI设计时，再使用成本较高，但准确性也较高的方法（如追踪实际用户的使用等）进行验证，并决定最终的UI。

原型测试

为了在开发前进行验证，我们需要制作原型。例如，纸质原型就是一种实际编码前，在纸上制作界面从而发现问题的方法，一般使用在开发的初期。除了纸质原型以外，通过图像制作软件制作精密的模型或者编写代码制作实际可用的UI，也都属于原型的一种。

在开发初期，我们使用非常粗糙的原型（照片1）也没有问题，起码要比口头说明或使用文字更容易判断某一想法的好坏。在搜索结果页面的例子中，我们制作了10个以上粗糙的纸质原型，我和另一名同事一起从中选出了3个看上去还不错的方案，使用图像制作软件制作出了与实际画面相近的模型。关于原型的内容，在第2章的"纸质模型"这个小节中简单地提到过，大家可以参考一下。

开发人员自己进行测试

开发人员自己对原型UI进行测试是最快速且最简单的方法。虽然与邀请实际用户进行测试相比，这种方法的可信度比较低，不过优点是可以在进行开发时多次地重复测试。

由于存在开发人员自己很难客观评价这一问题，为了能尽量正确地评价，下面我介绍几个自己测试时可以使用的窍门。

◆ 窍门❶ 眯着眼睛看

为了能让自己的视觉保持客观性，我们可以使用"眯着眼睛操作制作出的画面"（图2）这一方法。眯着眼睛看，首先可以更加容易判断出哪个元素最为显眼。

例如，如果眯着眼睛去看现在的Cookpad首页，我们就会发现告诉大家这是一个料理网站的精选食谱区域，和"制作料理变得愉快了"

▼ 表1　常用验证方法一览

原型测试	成本
开发人员自己进行测试	★☆☆
邀请同事进行试用	★☆☆
邀请同事的家人或熟人进行试用	★★☆
与用户面对面进行测试	★★★
使用解析软件进行追踪	成本
向一部分用户发布	★★☆
向全部用户发布	★★★

▼ 照片1　纸质原型的图片

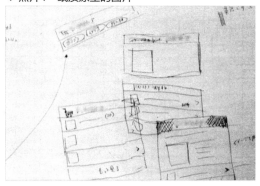

这个广告是最显眼的，其次是推荐区域，而左下方的料理类别却出乎意料地不容易被注意到。

另外，这种方法还可以确认用户是否能在2秒钟以内找到想要的信息。用户很少会仔细观看页面的每个角落，能否稍微看一下就可以了解他所看到的界面是非常重要的。

除了眯着眼睛看以外，还有离画面远一点看、调成黑白模式看、刚睡醒的时候看等，这些都是可以减弱开发人员固有观念的方法。

运用"眯着眼睛看"这个窍门的实际事例是我们借此改善了材料输入的UI。因为有不少用户都弄错了材料名称和分量的输入区域，所以这部分UI就需要改动。如果眯着眼睛去看旧版的UI，我们就会发现在这个这部分确实很难明确区分各个元素（图3）。

在这部分，我们对表单输入栏的颜色和间距进行了微调，各自增加了标题，使用户更容易理解纵向是材料栏，横向是分量栏（图4）。经

过这个改动后，操作失误的人就减少到了半数以下。由此我们可以知道，即使很小的变化也可以改变用户的行为。

◆ 窍门❷　确认是否简化了文字

在Cookpad内部有着"必须要用文字才能说明的UI等级很低"这一不成文的说法。尽管需要说明的地方确实还有很多，但是设计2秒钟就可以看明白的UI一直是我们的目标。

制作UI的标签时同样，我们应该尽量选择简短且平易近人的语句。例如，在Cookpad的首页上，标签或标题的内容基本上都控制在8～13个字符以内（图5）。如果标题在8～13个字符以内的话，当用户在页面中快速浏览以寻找有兴趣的内容时，瞥一眼就可以很方便地找到了。

◆ 窍门❸　想象具体的人

想象一下自己认识的某个人，然后考虑"那

▼ 图2　眯着眼睛看Cookpad的首页

▼ 图3　改善前的材料输入UI

▼ 图4　改善后的材料输入UI

▼ 图5　Cookpad首页上的标签一览

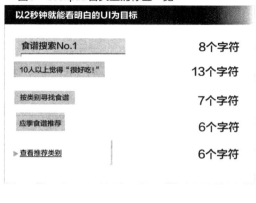

个人会不会使用呢？"也是一种方法。Cookpad
的主要用户群是20～40岁的主妇们，具体到某
个人物的话，我想象了一下自己的母亲。我先
考虑了一下"母亲看到这个画面会怎么想？能不
能顺利达成自己的目标呢？"这样做以后类似"虽
然很想使用现代时髦的设计，但这里还是设计
成常用的UI使用起来会比较方便"这些问题就
都会考虑到了。

◆ 窍门**❹** 搁置一晚看看

　　睡一觉之后，第二天早上再看一遍设计，
我们说不定还能发现哪里有问题。程序的调试
也是如此，离开程序一段时间，在脑海中整理
一下是一个不错的选择。

请同事试用

◆ 邀请同事试用原型

　　邀请同事或者团队中的成员进行测试也是
方法之一。我们尽可能什么都不说明，直接让
他们观看原型（纸上的或实物），带着疑惑去使用，
然后向他们确认哪里有困惑或者疑问。相较于
自己进行测试，这种方法可以更加容易发现各
式各样的问题。

◆ 积极地讨论

　　独自一人解决问题的能力很重要，但征求
小组其他成员的意见说不定可以找到新的出路。
他人的意见可以明确UI的目标或问题所在，从
而帮助整理自己的思路（照片2）。

▼ 照片2　小组成员围在桌边商量问题

◆ 将同事当作用户去采访

　　将帮助我们的同事们看作其他人也是很有
成效的。例如，Cookpad的一位男性经理很擅长
模仿老奶奶。如果给他看开发中的界面，他就
会模仿老奶奶的语气说"真是的，文字这么多看
不太明白啊""算了，先点一下这里看看吧"，像
这样扮演Cookpad的目标用户帮助我们进行测试。

　　这种角色扮演的方法，除了可以知晓与实
际用户相近的反应，还可以把一些严厉的意见
幽默、委婉地提出来，从而帮助团队顺利地进
行验证。

邀请同事的家人或熟人试用

　　我们在开发iPad版Cookpad应用时，把开
发中的应用装入iPad中，然后将iPad带回家，
在不进行任何说明的情况下邀请家人试用，并
用摄像机记录下试用的过程。

　　通过这种方式，我们发现一些在开发人员
看起来很人性化的设定，例如打开目录的瞬间，
子菜单就会自动关闭这一行为，却由于许多元
素突然同时发生变化，导致用户因不知道发生
了什么而感到困惑。开发人员自身明白所有元
素的意义，所以在开发时很容易理所当然地认
为其他人也都明白，很多事情被当作是不值一
提的小事，最后反而做出了复杂难用的产品。

　　最后，Cookpad的iPad版应用修正了擅自关
闭子菜单的行为，减少了用户的不信任感。

与用户面对面进行测试

◆ 面对面进行可用性测试

　　这种方法虽然前期准备有些费事，但却能
够以最快的速度和较高的精度发现UI的问题。
具体做法就是邀请实际的用户来观看纸质原型
或者模型，让他们测试某种功能是否可用。如
果可以让用户在自己面前试用UI，那么无论是
用户困惑的地方，还是自己想象不到的地方，
都可以在瞬间弄明白。

　　例如，以前Cookpad开发了一个新的功能，
我们邀请了用户进行测试，想知道他们能不能
明白该功能的使用方法，结果用户却连新功能

在哪儿都发现不了。这时我们才意识到，相对于功能来说，首先要考虑的是功能的入口以及与其他功能的关联性这些基本的问题。

这个方法有一个前提，那就是开发人员尽可能不要给予用户指示，仅在开始时拜托用户"请这样试一下"，让用户对 UI 保持一定的迷茫感。关键是我们尽量不要插嘴，让用户自己告诉我们他们使用时的想法。

在用户测试时，5 位测验者可以发现85%的可用性问题[1]。与其邀请数十人进行大规模的测试，多阶段、少人数地进行测试则是更好的选择。

◆ 面对面采访

这部分可能有点偏离关于界面的话题，不过现实中我们与用户见面，询问他们关于制作料理的想法，得到的回答也可以直接或者间接地作为 UI 设计的参考。

我们曾经去过某位用户的家中对她进行了采访。开始时双方讨论了买菜相关的话题，那位用户说"价格很高的蔬菜虽然标签上写着是有机蔬菜，但味道和普通蔬菜也没有什么区别，所以不会买"，我一边想着"果然主妇对价格还

① *Why You Only Need to Test with 5 Users* ，Nielsen Norman Group
http://www.nngroup.com/articles/why-you-only-need-to-test-with-5-users/

是毫不让步啊"，一边继续采访。之后又讨论了孩子的挑食问题。那位用户的孩子不喜欢吃番茄，但却很喜欢喝甜甜的、很好喝的高级番茄汁，所以不论这种番茄汁价格多高，她也会再次购买。由此我们发现，价格固然重要，但用户更看重的是孩子的健康和喜好。

明白了这些之后，在 Cookpad 的"蔬菜快递"项目中，我们决定了使用以"美滋滋地吃着蔬菜的孩子"为主题的宣传照。

使用分析软件进行追踪（A/B 测试）

A/B 测试是验证方法中很有名的一种，不过因为它需要使用实际可用的产品，并且只能得出定量的结果，所以一般在开发的最后阶段采用。

✏ 向一部分用户发布

由于商业上的原因，我们经常需要对 UI 进行修改，但是对于用户来说，最好的 UI 其实是已经习惯的 UI，修改过多就会让用户产生压力。为此，A/B 测试一般将人数限定在 1000 人左右，只进行小范围内的公开测试。

在先前的智能手机版网站关键字搜索结果的例子中，我们将最终留下的 3 个案例，向 1000 人发布了 3 天（图6）。

本来是很有信心的修改，但是最终只有❸得到了好的结果。修改❸使得 Cookpad 的点击率上升了 200%，同时收藏率也有了提升，所以现在已经向全体用户发布。

修改❷没有对离开率、点击率造成什么变化，从而验证了材料信息在关键字搜索结果页面中不是非常重要这一假设。

修改❶，仅仅将字体大小降低了 1 像素，点击率就减少了 36%，可能是由于

▼ 图6　A/B测试的3个案例

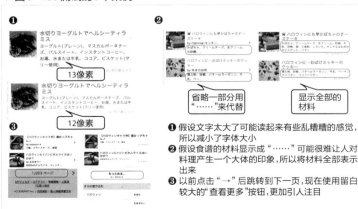

❶ 假设文字太大了可能读起来有些乱糟糟的感觉，所以减小了字体大小
❷ 假设食谱的材料显示成"……"可能很难让人对料理产生一个大体的印象，所以将材料全部表示出来
❸ 以前点击"→"后跳转到下一页，现在使用留白较大的"查看更多"按钮，更加引人注目

这种改动给用户一种不能一下子看清楚的印象。明白了这个测试的结果，以后在遇到字体大小的问题时，我们通常就会倾向于选择较大的那个。

 向全部用户发布

关于已经确定要显示的横幅图片或分导线的验证，我们可以设计出几个不同的模式，从一开始就向全部的用户进行公开验证。

这里介绍两个事例。

◆ 验证"菜单"的点击率

第一个事例是验证哪个主题的"菜单"最有人气。在Cookpad上，用户不仅可以寻找单品食谱，也可以寻找由多个食谱组合而成的菜单。为了调查什么样的菜单是用户想要的，我们制作了几个主题各不相同的菜单（人气食谱组成的菜单、受欢迎的菜单、请客用的菜单等），将它们并排放置，然后比较各自的点击率（图7）。

测试的结果是，"人气食谱菜单"获得了压倒性的高点击率，其点击率是其他主题的两倍以上。这让我们明白了在Cookpad上，"人气食谱"等关键字比较容易受到注意。

有趣的是，同样内容的页面，智能手机版和PC版的调查结果却不同。智能手机版上"快手菜单"相对比较受欢迎。由此我们又验证了，用户使用Cookpad的状况根据设备的不同而有所不同这一假设。

◆ 验证"高级菜单"中的横幅设计

第二个是"高级菜单"横幅创意设计的事例。

图8中几幅图片正中间的横幅是情人节时向高级用户发放的专用横幅。在这四种设计中，D的点击率是A的两倍。乍一看可能会觉得A使用了比较漂亮的图像，应该比较显眼，但实际上用户很有可能将其当作广告直接无视了。

从公司内其他验证事例我们也能看出，与其使用花哨的颜色和图片来达到显眼的目的，不如像D那样，选择普通的缩略图和HTML文本与服务相融合，这样可能更容易引起用户的注意。

 站点的意见征集

为了获得已经发布的UI的反馈，Cookpad在页面的页脚部分设置了"意见箱"（虽然这不是使用解析软件验证的方法）。用户的感谢或者对UI的不满，通过邮件在几分钟内就可以送到。

必须注意的是，开发人员不可以盲目接受用户所有的意见。例如，就算我们收到的是像"希望可以有某某功能"这样的意见，但仅从这种语言上的表达还是无法判断出用户实际的需求，也无法确定它们是否仅仅是意见。说到底，UI上用户的实际行动，最终还是以验证而来的数值为依据去判断比较好。

▼ 图7 验证时为测试菜单主题的需求而使用的页面

▼ 图8 验证时使用的4个横幅设计案例

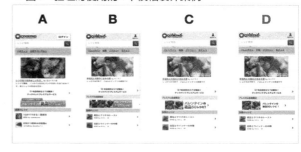

验证结果的确认和改善

判断改善是失败了还是成功了

在进行验证后，不是每一次都可以得出明确的最优结果。开发人员可能会烦恼用户测试发现的问题过多，不知该如何决定逐一解决的优先顺序，或者A/B测试后得出的结果也只存在细微的差别，最终还是无从下手。

尽管根据情况的不同，判断成功的标准也不尽相同。但是基本上来说，如果验证结果符合开始时设定的假设或者用户的目标，那么我们就可以向这个方向继续前进，否则就另寻他路吧。

接受失败

并不是所有的修改都是改进，验证后发现了问题，决策者却做出不发布、不修改这种决定的情况也是存在的。放弃开发人员付出辛苦和努力的成果，短期内来看我们可能会觉得很遗憾，但是从长远来看，与其将不好的界面交给用户，还不如立刻丢弃，考虑别的方法更为合适。

共享验证结果

在Cookpad，无论是通过验证发现了问题，还是没有发现什么问题进而判断这是个优秀的UI，团队或整个公司内部都会共享这个验证结果。这些验证结果是一笔以后开发时可以作为参考或判断依据的资产。

在公司内部共享结果的方法是召集设计相关的人员，每周召开一次设计会议，并使用名叫GROUPAD的信息共享工具，分享设计的原型或者事例。公司内部几乎所有的工程师都使用GROUPAD，许多技术笔记或者MTG笔记，只要点击"☆ LIKE"按钮就可以分享给所有人。

重复验证过程

如果通过验证发现了UI的问题，就要对能够解决这个问题的假设再进行一次验证。UI设计的过程简单来说就是：为了达成用户的目标，逐一解决UI上的问题，不断指出界面上缺点的过程。虽然开发人员有时会因为一味的失败而感到失落，但失败了却没发现才更加令人担心。我们应抱着这个想法，反复进行验证和开发。

习惯各式各样的验证方法

除了这次介绍的Cookpad开发时使用的验证方法以外，还有许多其他的验证方法。根据具体情况选择合适的方法将会更有成效。如果大家在一定程度上理解了验证的大体框架，那么就在实践中摸索最符合自己团队的方法吧。

总　结

本章从验证的目的开始，结合事例讲解了验证的准备以及验证的方法。为了提高UI的质量，验证是不可或缺的步骤。开发人员是为了让用户可以方便并愉快地使用产品而努力进行开发的。通过进行验证，可以填补开发人员个人想象和用户目标中的空隙，从而向用户提供更好的服务。

column

UI设计的修改以及应对用户负面反应的方法

文/五十岚启人　译/卫昊

服务要想长时间持续运营，往往会进行UI设计上的修改。可能是由于商业上的原因，或服务的方向需要修正，又或者开发人员自己提交了修改提案等，情况各异。

但是，用户已经习惯了以前的服务，UI设计的修改会给他们增添重新学习新UI的负担，因此得到负面反应的情况也不在少数。Cookpad重新设计网站、修改应用UI，尤其是进行大规模修改的时候，负面反应也会特别大。因此不要频繁修改UI，无论在设计阶段还是过渡阶段我们都要慎重地考虑。

❶ 一点点改变UI设计

我们每隔一段时间改变一点，分成几个阶段一点点进行，让用户意识不到UI的修改。由于用户可以一点点学习新UI的使用，所以他们的负担也能大幅度减轻。

❷ 给用户提供选择项

如果想要同时解决UI上的各种问题，一点点改变的方法可能很难执行。这时，我们需要一次性进行大量的UI设计修改，但这也意味着我们单方面地将用户已经习惯的UI"没收"了。

为了减免用户的过激反应，提供可以让用户返回旧UI的选项也是一种方法。预留出用户熟悉新UI的缓冲期作为UI修改的前提，这种充分从用户角度考虑的方法非常有效。

❸ 怎样选择都很困难的时候

这种情况下，我们只能下定决心去执行了。但是，修改前要注意下面几点。

- 必须要模拟UI修改可能引起的用户负面反应，并将它们列表

- 针对不同的项目，UI/服务的改进要尽可能地以可以消除负面反应为前提
- 怎么样都无法妥协时，慎重探讨修改带来的回报是否值得

Cookpad进行大规模UI修改时，往往会有大量的反馈被发到我们的信箱中。有的只是表达感情，有的则极大地打击了我们的信心。可是如果能事前进行一番模拟，我们就可以妥善应对这些反馈。

成为问题的是可能会出现大量没有模拟到的负面反应。这种情况往往是过渡计划不够完善，或者是UI设计失败造成的。所以特别是在进行大规模的UI设计修改时，最重要的事情就是避免这种"意料之外"。

UI设计修改的是与非

大规模的UI设计修改可能会招致用户难以想象的反对，有时甚至会终止服务的发展。UI设计的修改基本上都伴随着风险，这本是一件应该回避的事。可是，我认为如果想要发展，则势必要积极地去承担相应的风险。

UI设计的修改虽然可能会招致老用户的反对，但同时也可能招揽到新用户。经常还会出现努力去招揽新用户，结果却同时扩大了老用户利益的情况。另外，从社区的角度看，保持一定的人员流动，也会像现实社会中的人员流动那样给服务带去好的影响。

服务普遍都拥有相应的价值，如果想要让更多的人来使用，提供服务的我们就要通过修改UI设计来达到这个目的，这不是一件很有成就感的事吗？

第 5 章

为多元化环境提供相应的 UI 设计

明确应该灵活考虑与应该通用的部分

文／池田拓司（IKEDA Takuji） Cookpad 股份有限公司　mail tikeda@cookpad.com　Twitter @tikeda
译／卫昊

不断发展的用户环境

本特辑前面的章节对假设、开发、验证这些 UI 设计中重要部分的流程进行了讲解。本章将稍微偏离一下这个流程，讲解一下智能手机等令人眼花缭乱的用户环境，以及随之发展的 UI 设计的开发环境。

智能手机

UI 设计环境最大的变化就是 iPhone、Android 等一系列智能手机终端的急速普及。由于它们缩短了用户和电脑的距离，使得 UI 设计的重要性达到了前所未有的高度。

因为智能手机和 PC 不一样，是带在身上的物品，考虑"是否可以在站着操作""在通信环境不是很好的时候是否也可以运行"这些状况来设计是十分重要的。另外，为了能让用户愉快地使用产品，产品用着是否顺手、视觉设计的品质能否优秀都是判断用户是否会喜欢产品的重要基准。

 ### 智能手机优先

提供的服务或功能首先要以智能手机用户作为对象，认识到这一点很重要。智能手机的画面比较小，功能必须限定在一个画面内实现。因此这种环境有着需要实现的功能比较简单，很容易明确用户目标的优点。

Cookpad 在开发新功能的时候，也是本着首先以智能手机站点为基础进行高效开发，并尽早向用户发布的原则。

 ### 手势、动作

智能手机和用户的接触点和 PC 有很大的区别，不是通过鼠标间接地操作画面，而是使用手指通过手势直接与画面接触。进行 UI 设计时我们必须要意识到这一点，同时还要准备合适的动作来表现。

手势并不仅仅相当于 PC 上的点击操作，还有左右滑动，画面元素的扩大、缩小等操作。特别是在开发智能手机应用时，我们必须要考虑什么样的手势适合用户。

因此，我们并不是需要为所有的操作都配备一个按钮让用户去点击，而是需要认真探讨，什么样的手势对用户来说是最自然的。提供合适的手势不仅可以使画面变得简单，还可以让用户方便、愉快地使用我们开发的产品。

多设备通用

除了智能手机，用户身边还存在平板电脑、PC 等多种多样的设备，我们的服务必须要针对多种设备来展开。为了提供符合各个设备特点的用户体验和 UI，我们需要积累更多的知识，不拘泥于特定的设备，灵活地进行思考（图 1）。

 ### 理解各个设备的特点

随着各式各样设备的普及，可以说 Web 服务中 PC 的特点也越来越明确。因为使用 PC 可以仔细面对大屏幕的使用环境，所以在开发中更需要花费时间求去追求准确性。

另外，平板电脑的特点则是携带比PC轻松，画面比智能手机大，在家中或电车里都可以轻松地拿在手上使用。

像这样去考虑用户会在什么样的环境中使用设备，那么即使在设备增加的情况下，我们也能够理解它们的特点，并提供适合的功能。

 专用站点和响应式设计

制作针对不同设备的Web站点，主要有两种方法。一种方法是为相应的设备制作专用的站点；另一种方法是共享HTML文件，使用CSS为不同的设备提供合适的设计。第二种方法被称为响应式设计。这种响应式设计因为可以将一个资源共用在不同的设备上，能够迅速实现多设备通用，因而备受瞩目。但是，我们也必须明白这种设计的弊端，那就是很难对已有站点进行多设备通用处理，而且也不适合为不同的设备提供不同的功能。

Cookpad在构建新服务时，也会积极地采用能够高效开发用户所需的功能，并很容易进行验证的响应式设计（图2）。

▼图1　Cookpad提供的多种针对不同设备的产品
（http://cookpad.com/mobile）

在与用户相近的环境中验证

设计PC站点的时候，因为开发环境和用户环境十分接近，开发人员可以一边进行设计，一边判断对用户来说这个UI是否合适。但是，在构建针对智能手机或平板设备的服务时，确认是否合适就比较费时费力了。为了省事，我们往往会选择使用PC上的模拟器进行确认。不过请大家务必要在真机上确认一下。如果忽视了真机上的测试，除了无法发现终端和OS性能差异导致的缺陷以外，还会出现许多诸如"在PC上确保了万无一失，但在真机上却很难操作""PC上显示的颜色和真机上显示的颜色不太一样"这样的问题。从针对智能手机的开发开始，不同设备的构建及验证都需要我们更加细心。

例如，在开发中使用LiveView（Mac、iOS）[1]、Skala Preview（Mac）[2]、Skala View（iOS、Android）[3]，可以实时地将PC的画面传送到真机上，然后在真机上进行确认。这样，我们就可以在编码阶段之前尽早确认实际的画面。

在编码方面，我们同样可以通过使用Adobe

[1]　http://www.zambetti.com/projects/liveview/

[2]　https://itunes.apple.com/us/app/skala-preview/id498875079?mt=12

[3]　iOS版：https://itunes.apple.com/us/app/skala-view/id498876303?mt=8，Android版：https://play.google.com/store/apps/details?id=com.bjango.skalaview&hl=ja。

▼图2　使用响应式设计的"大家的咖啡"
（http://cafe.cookpad.com/）

Edge Inspect（Mac/Windows、Google Chrome 插件、iOS、Android）[4]，将显示在 PC 上的 Web 页面同时显示在不同设备的浏览器上，因为可以从 PC 更新它们，所以这种方法能够有效地同时进行多个设备的验证。

我们应该习惯使用这些方便的工具，经常在与用户相近的环境中对产品进行确认。

通用性和独特性

虽然考虑符合设备特征的体验很有必要，但并不是说每个设备所有的 UI 元素都需要进行重新设计。例如，把用户已经很熟悉的 PC 上面的 UI（像按钮或文本文件一类的）作为基本的 UI 组件使用，就可以减少用户学习新 UI 的负担。相反，如果像图标这种元素在不同的设备中改变了，则会打破用户的使用习惯。因此在开发多设备通用时，要分清应该通用的元素和需要单独处理的元素，才能开发出最好的 UI。

---

[4] http://html.adobe.com/jp/edge/inspect/

▼ 照片1　使用 LiveView 在真机上模拟

适应多样化用户环境的开发风格

用户环境的多样化意味着我们也需要注意服务开发人员的开发环境。

比如说，当一个服务被多个设备使用时，如果不同的设备给予了用户不同的印象，或者同一功能却有不同的用户体验的话，会让人对这个服务产生操作不够流畅、用起来不顺手、品牌质量低下等印象。特别是在开发规模较大、有大量开发人员参与的服务时，我们需要特别注意这点。

下面，将说明 Cookpad 为了适应各式各样的用户环境，在提高设计和开发的效率上下了怎样的工夫。

构建设计指南

设计指南不仅有助于向用户提供具有一致性的设计，而且有助于统一公司员工的开发意识。特别是在开发人员很多的时候，设计指南能发挥出更佳的效果。

Cookpad 也制作了关于用户体验的 UI 设计指南，以及为了提高开发效率的开发指南。下面就介绍一下这两个指南。

用户体验指南

Cookpad 在不仅是设计师，甚至全体员工都可以访问的 Wiki 上建立了指南文档，文档中都是类似于下面这些例子的内容。

- 食谱链接的颜色指定为绿色
- 食谱一览中的缩略图左对齐
- 显示排名时，橙色表示上升、蓝色表示下降、乳白色表示没有变化

即使是毫不起眼的设计元素我们也制订了具体的设计指南，以此进一步完善了具有核心地位的用户体验。另外，在设计新功能的时候利用已经制订的指南，我们可以不用过于在意

基础部分是否偏离，而把精力集中在必要的地方，从而提高工作的效率。

开发指南

在Cookpad，有的设计师也会进行和实现相关的编写样式表的工作。虽然为了开发而编写的指南与UI和用户体验并没有直接关系，但我认为在这些业务流程上下些工夫的话，也可以影响到最终产品的品质。例如，Cookpad制订了如下内容的开发指南。

- CSS的class名采用"_"进行连接
- 应用于Retina智能手机的内容在文件名后添加"@2x"

品牌建设和服务想要传达的内涵

在UI设计中，尽管开发人员是为了实现用户的目标而进行设计，但仍然要坚定企业的立场和信念，这点非常重要。我认为开发人员不单要满足用户的需求，而且要使用独特的元素去设计，这也是制作出独具魅力且被用户所喜爱的服务的秘诀之一。

例如，我们为了将用户上传到Cookpad的食谱作为主要内容展现，要选择暖色调而不是冷色调去体现料理的美味，这点已经成为一个准则并被我们铭记在心。

不依赖于个人的设计

在服务开发时，缺少足够设计师的情况时有发生，像"没有那个人设计就无法进行""不拜托设计师就无法制作出具有一定品质的设计"之类的情况也经常发生。但是通过使用指南以及后面将要讨论的框架，将技术窍门和经验转变为任何人都可以学习并使用的形式，一名设计师也能够发挥多名设计师才具有的价值。

编写指南时需要注意的地方

指南并不是为了限制设计而制作出来的。如果指南的制定束缚了设计、限制了自由想象或者阻碍了新的用户体验的产生，那就本末倒置了。把握指南使用和团队开发之间的平衡是非常重要的事情。

在Cookpad，指南并不是由谁单方面决定的。任何一位开发人员都可以上交关于指南的建议，然后由设计师们共同讨论这个建议并给予反馈。

UI设计的框架化

近年来出现了许多能够将常用UI模式化，简单实现网格布局并帮助构建UI的框架。例如Twitter Bootstrap[5]就是其中的代表。导入并熟练使用框架后，开发人员可以比独自实现全部UI更轻松地去构建Web服务的UI。

关系紧密的代码和设计

到现在为止，我们介绍的颜色代码、文字大小以及布局等设计基准，都仅仅是以文档的形式制作成指南的。

引入并持续使用设计指南确实可以向用户提供一致的服务，但是要让所有的开发人员无论何时都能将指南中的内容牢记于心却并不容易。如果我们将指南中的内容使用CSS视觉化，制作出UI的示例集，或者使用CSS预处理器通过变量进行共享，就可以比文档形式更方便地共享信息，这样不仅代码和设计可以保持一种更接近的关系，同时指南也可以继续发挥其作用。

CSS元语言（CSS预处理器）

CSS元语言是为CSS增添变量、Nesting、Mixin之类实用功能的一种语言，下面三个是其中的代表。

- Sass（http://sass-lang.com/）
- Less（http://lesscss.org/）
- Stylus（http://learnboost.github.io/stylus/）

Cookpad使用的是Sass，Twitter Bootstrap使用的则是Less。

---

⑤ http://twitter.github.io/bootstrap/

使用这些框架进行编码，可以帮助我们迅速写出维护性高、优雅的代码。另外，从 UI 设计的角度来看，这种做法对提高站点的品质也有很大的贡献，例如"能够使用变量定义品牌颜色""能够打包常用的 UI 元素来简化代码"。因此，这些框架可以说是在 Web 服务、应用开发时不可或缺的技术。

Sara Framework

Cookpad 采用的是自主开发的 UI 框架。这个名为 Sara Framework[⑥] 的框架，不仅在 Cookpad 的 PC 网站和智能手机网站中使用，而且在新开发的服务和公司内部工具等区域也经常使用。

本特辑介绍的都是 Cookpad 的单个示例，但实际上在公司内却是多个功能同时开发的。通过把各个项目积累的知识和经验导入并整理到这个框架中，这些知识和经验就可以在其他的项目中被借鉴（图3）。

使用框架时需要注意的地方

使用框架和使用指南一样，并非是对用户有益的事情，必须要把握好使用框架和团队开发的平衡。如果开发人员过于墨守成规，很可

⑥ 名字来源于"盛放料理的盘子"（日语中盘子的发音是 sara）。

能会设计出用户难以使用的 UI。使用频率低、易用性差的无用 UI 组件的存在则会进一步提高这种可能性。因此，开发人员在导入框架时，要站在更高的高度、有意识地去考虑这些问题，使用框架时也需认真探讨适合用户的 UI，还要经常反馈框架的使用情况。

总 结

本章着眼于智能手机以及平板电脑等设备的多样化，说明了适应这种多样化的重要性。在将来，不仅仅是设备，新的操作系统、新的价值、新的场景等由于用户环境经常变化而导致 UI 设计更加重要的情况将会层出不穷。在这些情况下，我认为重要的是要在不丢掉产品本质价值的同时，从不同的角度去发挥自己的创造力。

▼ 图3　Sara Framework 设计示例

延伸阅读

认知与设计：理解UI设计准则（第2版）

本书语言清晰明了，将设计准则与其核心的认知学和感知科学高度统一起来，使设计准则更容易在具体环境中得以应用。本书涵盖了交互计算机系统设计的方方面面，为交互系统设计提供了支持工程方法。

好设计不简单Ⅱ：UI设计师必须了解的那些事

本书作者根据多年的从业经验，剖析用户的心理，从饮水机、门把手等常见物品出发，针对文字、图标、形状、颜色、动态效果等方面，就如何制作出友好的界面、如何通过 UI 设计避免人为失误等问题，给出了大量简单、易行的建议。

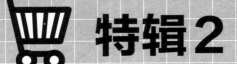

特辑2

web支付

入门

PayPal、WebPay、
iOS/Android 应用内支付的
实现方法

在 Web 服务或智能手机应用程序中实现的支付，其本质上是关于资金的处理，所以开发者很容易感觉惶恐不安，不明白自己应该知道什么、怎么做才算是万全之策。本特辑以在 Web 上最为广泛使用的信用卡支付为核心，向大家介绍将信用卡支付整合进自己的网站或者智能手机应用所必需的知识和方法。另外，在了解支付和信用卡基础知识并梳理了信息安全的相关知识后，还会介绍在世界范围内使用的 PayPal 和 iOS/Android 应用内支付，以及具备 RESTful Web API 的 WebPay 具体的实现方法。

## 第1章

支付的基础知识
支付手段、第三方支付服务、支付时效

滨崎健吾　HAMASAKI Kengo
译/成勇　审读/张荣晋
WebPay 股份有限公司
URL ▶ http://hmsk.me/
mail ▶ k.hamasaki@gmail.com
GitHub ▶ hmsk
Twitter ▶ @hmsk

引　言

这里所要讲的支付虽然统一称为 Web 服务和应用程序的支付，但实际上提供给用户的支付手段是多种多样的。而且，由于这类支付本质上是关于资金的处理，所以无论是服务提供者还是开发者，都会对于应该知道什么、怎么做才算是万全之策感到惶恐不安，甚至实现支付本身常常就会成为沉重的负担。

本特辑的作者们自己开发并运营了一个名为 WebPay[①] 的信用卡第三方支付服务。基于这些经验，在本次特辑中，我们将以在 Web 上使用最多的、也是在 Web 服务和应用程序支付中使用最多的信用卡支付为核心，向各位读者介绍迅速引入信用卡支付所需的知识和方法。

首先，本章并不局限于信用卡，而是介绍支付的整体概念，例如都存在哪些支付手段、支付的时机等。

支付手段

支付手段有如下几种。

- **信用卡**

  输入信用卡信息，由信用卡公司支付费用

- **手机运营商支付**

  通过 DOCOMO、au、软银等手机运营商的认证，和手机话费合并支付费用

- **预付（使用代金券，电子货币）**

  可以在便利店等地方够买类似 iTunes Card 这样的代金券。使用时，输入印在代金券上的字符串来支付费用。使用像 Suica、PASMO、Edy 这类事先在卡内或者终端充值的卡也包括在这种手段内

- **便利店支付**

  在设置于便利店的终端上打印账单或者带着账单去便利店，在便利店的柜台支付费用

- **货到付款**

  在商品送到的时候，由货物投递人代收款项

- **银行转账、电子支付、挂号现金邮寄**

  使用各种方法直接支付费用

用户需要配合各种各样的支付手段来采取相应的行动，因此我们在开发服务和应用程序时，就要仔细考虑应该配合提供什么支付手段。例如，在面向不大可能拥有信用卡的未成年用户开发服务的时候，选择信用卡支付手段就不是一个好的主意。

另外，后文中也会提到，在 iOS 和 Android 中，支付手段的选择还会受到平台的约束。

 第三方支付服务

试试在 Web 搜索中查找 "第三方支付" 就知

---

① https://webpay.jp/

表1 主要的第三方支付服务及其支持的支付手段

第三方支付服务	URL	支付手段
PayPal	https://www.paypal.jp/	信用卡支付
GMO Payment Gateway	http://www.gmo-pg.com/	信用卡支付、手机运营商支付、便利店支付、预付、货到付款等
Veritrans	http://www.veritrans.co.jp/	信用卡支付、便利店支付、预付等
econtext	http://www.econtext.jp	信用卡支付、手机运营商支付、便利店支付、预付等
WebPay	https://webpay.jp/	信用卡支付
iOS、OS X 应用程序内支付（In App Purchase）	https://developer.apple.com/in-app-purchase/	信用卡支付、预付（iTunes Card）
Android 应用程序内支付（Google Play In-app Billing）	http://developer.android.com/google/play/billing	信用卡支付、手机运营商支付

道，有很多支持上述支付手段的第三方支付服务。自己开发的Web服务或应用程序很难直接和信用卡公司或者便利店运营商签约，所以除了银行转账和挂号现金邮寄等直接收费以外，基本上都需要使用第三方支付服务。

不同的第三方支付服务所支持的支付手段也不同。主要的第三方支付服务及其支持的支付手段见表1。

不同的第三方支付服务，其支付手续费、初始费用、月固定费等使用成本也是不同的。主要信用卡第三方支付服务的收费情况我们将在第2章说明。

还有，很多第三方支付服务并没有公开受理支付处理这一部分的标准规范，因此使用服务前的开发很难推进。

综上所述，我们必须斟酌以费用为首的各种成本，结合要开发的服务和应用程序选择合适的第三方支付服务。

 ### iOS 和 Android 的应用程序内支付

通过浏览器请求用户进行支付的Web应用程序可以使用上面介绍的各种支付手段，但是在iOS和Android的应用程序内进行支付的话，则不然。如表1所示，iOS的应用程序，只能使用信用卡支付和iTunes Card支付，而Android的应用程序则只能使用信用卡支付和手机运营商支付手段。

应用程序内支付虽然受到各自平台的限制，

但是另一方面，它可以比一般的第三方支付服务更加轻松地处理全世界的货币。

另外，在Android应用程序上，手机运营商支付机制等都已经完成封装，不用另外实现，使用时几乎可以和信用卡支付采用一样的操作。这对于仅使用信用卡支付的用户来说也具有一定的吸引力。

iOS和Android应用程序内的支付将在第6章中详细说明。

 ## 支付时机

支付在什么时候进行、分几次进行也和服务的设计有很深的关联。按照支付的时机，支付大致可分成逐次（随时）支付、定期支付（订阅）和按量支付这三种。

逐次（随时）支付

逐次支付是指在需要付款的时候才进行支付。例如，购买达人出版社[2]的电子书、购买LINE[3]应用内使用的虚拟货币时采用的就是这种支付方式。

对于特定的信用卡信息只要发出支付请求，基本上就可以完成支付处理。这样，开发服务

---

[2] http://tatsu-zine.com/

[3] http://line.naver.jp/

和应用程序时负担也会少一些。

在 App Store 和 Google Play 上购买应用时，可以认为在下载的时候就执行了即时的支付处理。这种情况下，在发布应用的时候指定价格即可，不需要在应用程序中实现支付功能。

 ## 定期支付（订阅）

定期支付（订阅）是指以月固定费、年固定费等形式定期进行支付。例如，在 Cookpad[④] 上为了使用搜索人气菜谱等特殊功能，每个月都要支付一笔费用，这种支付方式就是定期支付。

和逐次支付相比，定期支付需要更加严格地管理用户的支付信息和更新周期。如果是信用卡支付的话，在定期支付请求失败的时候，需要加以处理，冻结收费服务、再次支付时重启服务，将月度固定费用按天数折算等，像这样要注意的事项很多，从而导致了开发成本的增加。

但是和逐次支付不同的是，定期支付可以按照一定的周期要求支付使用费，而且如果用户想要解除这个定期支付的话，就必须进行解约操作，所以用户选择继续支付的情况比较多，有利于长远利益。

 ## 按量支付

按量支付是指在一定的周期（例如以月为单位）内结合时间、通信量等使用状态来计算金额并进行支付。例如 Amazon Web Services[⑤] 等按照服务器的使用时间或传输数据量来请求支付使用费的服务采用的就是这种支付方式。

与支付相关的实现和定期支付（订阅）类似，不过还需要结合实际的使用状态来计算金额。

信用卡支付
——Web 上最常用的支付手段

信用卡支付在日本国内的互联网支付中约占 57.7%[⑥]，在用户进行直接支付的各种选择中，它是最受欢迎的。

信用卡是基于国际标准发行的，所以成为了在全世界收取款项的有效手段。另外，在美国，信用卡是和生活息息相关的，和日本相比其在 Web 上的使用率更高。所以，假如我们开发的服务是要在美国推广的话，信用卡支付是必须要选择的支付手段。

但是，和最受欢迎的支付手段相对的，就是处理的信息也是最敏感的。在提供服务时，信用卡号等个人信息的泄漏所造成的危害是很大的风险。作为服务提供者，知道这些风险是什么、信用卡的哪些信息该如何处理非常重要。

本特辑的结构

这里介绍一下本特辑后面的结构。

第 2 章总结了信用卡的基础知识，包括信用卡是个怎样的存在，卡上记载的信息都意味了什么等。

第 3 章结合保护信用卡及信用卡交易信息的数据安全标准 PCI DSS，详述了在处理信用卡信息的时候该如何保护持卡人的个人信息。

第 4～6 章介绍实际的实现示例。第 4 章使用 PayPal、第 5 章使用 WebPay 在 Web 服务中实现信用卡支付。第 6 章在 iOS 和 Android 的应用程序内实现支付。

本特辑的示例代码，可以在图灵社区的支持页面[⑦] 和 GitHub[⑧] 上获取。

如果在开发的 Web 服务和应用程序中实现信用卡支付时，本次特辑的内容能够助你一臂之力，那将是笔者莫大的荣幸。

[④] http://cookpad.com/

[⑤] http://aws.amazon.com/

[⑥] 出自总务省《信息通信白皮书平成 24 年版》
http://www.soumu.go.jp/johotsusintokei/whitepaper/ja/h24/html/nc243140.html

[⑦] 打开 http://www.ituring.com.cn/book/1271，点击 "随书下载"。

[⑧] https://github.com/webpay/webdbpress76

## 第2章

信用卡的基础知识

从信用卡卡号的编排规则到
电子商务的相关法律

文/曾川景介　SOGAWA Keisuke
译/成勇　审读/张荣晋
WebPay 股份有限公司

mail ▶ keisuke.sogawa@gmail.com
GitHub ▶ sowawa
Twitter ▶ @sowawa

引　言

本章将要说明信用卡的基础知识，包括信用卡的历史、信用卡中包含的信息、信用卡支付时资金和数据的流向，以及特约商户的审查、相关法律和跨国交易的相关知识。

信用卡的历史

"信用卡"一词出自 Edward Bellamy 在 1887 年写的小说 *Looking Backward* [1]，这部小说在 2000 年还曾搬上了舞台。

信用卡的实际发行最初是在 1950 年由美国的 Diners Club 开始的。大约 10 年后的 1961 年，也是 Diners Club 在日本发行了信用卡。20 世纪 90 年代后半期，随着 PayPal 等的出现，信用卡在 Web 上也能使用了。

信用卡中包含的信息

我们使用图 1 来说明记载于信用卡中的信息。信用卡中主要包含如下四种信息。

- 信用卡卡号

  13 位到 16 位的数字，也被称为 PAN（Primary Account Number）

- 有效期

  以 mm/yy 等形式表示信用卡的有效期

- 持卡人姓名

  姓名的拼音

- 国际信用卡品牌

  国际信用卡品牌的标志

- CVC、CVV

  被称为 CVC（Card Verification Code，卡片验证码）或 CVV（Card Verification Value，卡片验证值）的数字，一般为 3 至 4 位。有时候也被称为安全码。用于防止信用卡被非法使用，这个数字禁止在一切应用程序的数据库中保存

带有磁条的信用卡遵从 ISO/IEC 7812 规

▼图1　信用卡的正面和反面

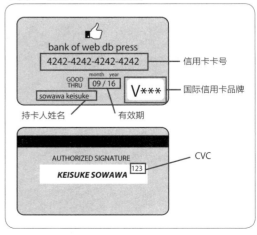

---

[1] http://www.gutenberg.org/ebooks/624

范[②]，在磁条中同样含有信用卡表面记载的卡号等信息。CVC、CVV在信用卡公司验证磁条信息时使用，因此不记录在磁条中。

国际信用卡品牌和信用卡卡号

如图1所示，大家的信用卡上都有国际信用卡品牌的标志。主要的国际信用卡品牌有American Express、Diners Club、Discover Card、JCB、MasterCard 和 VISA 六 种。它们都遵从 ISO/IEC 7812标准编排信用卡卡号，从卡号就能知道这是哪个品牌的信用卡。

表1总结了主要的国际信用卡卡号的规则。按照这个规则，判断信用卡品牌的Ruby程序示例请见代码清单1。

[②] ISO：International Organization for Standardization，国际标准组织。IEC：International Electrotechnical Commission，国际电工委员会。

▼ 表1　各国际信用卡品牌的卡号编排规则

国际信用卡品牌	卡号编排规则
American Express	以34或者37开始的15位数字
Diners Club	以300~305、36或者38开始的14位数字
Discover Card	以6011或者65开始的16位数字
JCB	以2131、1800开始的15位数字，以35开始的16位数字
MasterCard	以51至55开始的16位数字
VISA	以4开始的16位或者13位数字

▼ 代码清单1　判断信用卡品牌的Ruby程序示例

```
# number: 只包含数字的字符串
# 根据number判断国际信用卡品牌, 返回表示品牌的符号
def card_type(number)
  card_number = number.gsub('-','') # 删除连字符
  {
    american_express: %r{\A3[47][0-9]{13}\Z},
    diners_club:      %r{\A3(?:0[0-5]|[68][0-9])[0-9]{11}\Z},
    discover_card:    %r{\A6(?:011|5[0-9]{2})[0-9]{12}\Z},
    jcb:              %r{\A(?:2131|1800|35\d{3})\d{11}\Z},
    master_card:      %r{\A5[1-5][0-9]{14}\Z},
    visa:             %r{\A4[0-9]{12}(?:[0-9]{3})?\Z}
  }.each do |brand, regex|
    return brand if card_number =~ regex
  end
  return :unknown
end
```

代码清单1根据接收到的字符串判断出信用卡品牌并返回表示品牌的符号，可用于根据信用卡卡号显示品牌名的情况。

信用卡卡号的详细规范

ISO/IEC 7812规定卡号的第1位是按行业划分的，而包含第1位在内的前6位数字可以用于判断信用卡的发卡方，最后一位则作为数字校验码使用。数字校验码用于检验卡号是否输入错误。

信用卡卡号的校验算法使用的是Luhn算法。Luhn算法是使用简单校验方式的算法，被广泛用于校验输入是否有错误。

代码清单2是通过Rudy实现Luhn校验码的示例。

资金和数据的流向

接下来，我们以电子商务网站为例，借助图2来说明信用卡支付中资金和交易数据的流向。

▼ 代码清单2　实现Luhn校验码的示例

```
# number: 只包含数字的字符串
# 基于Luhn算法校验number的校验码
# 返回true/false
def luhn(number)
  # 将字符串反排
  reversed_number = number.reverse
  # 将字符串的数字逐个放入数组中
  number_charactors = reversed_number.chars
  number_charactors.each_with_index.map{|ch, index|
    if index.even?
      # 从第0位开始计数数位, 偶数位按原样转换成整数
      ch.to_i
    else
      # 从第0位开始计数数位, 奇数位乘以2
      # 得到的乘积如果是两位数, 就将十位和个位相加
      # 将所有位经过上述处理后得到的数字相加, 得到的
      # 和去掉十位数
      # 实际处理(原值乘以2, 乘积除以10, 得到的余数再
      # 加上乘积除以10得到的商)
      x2 = ch.to_i * 2
      (x2) % 10 + (x2) / 10
    end
  # 最后对迭代(map)完成的数组使用inject(:+)方法
  # 得到的数组中所有有值的和除以10
  # 如果余数为0, 那么校验成功
  }.inject(:+) % 10 == 0
end
```

发卡方和收单机构

首先介绍一下在信用卡支付中出场的人物。如图2所示，信用卡支付涉及到类人：买家（持卡人）、电子商务网站（信用卡特约商户）、发卡方（Issuer）和收单机构（Acquire）。买家和电子商务网站就不用说明了。

发卡方就是指发行信用卡的公司，主要负责受理信用卡申请、发行信用卡、出具使用账单、要求支付款项等事务。

收单机构则是指管理电子商务网站等特约商户的公司，并不直接和持卡人打交道。收单机构负责给各特约商户提供信用卡支付服务。

在日本，大多数信用卡公司既是发卡方又是收单机构，其中比较有代表性的有三井住友卡和乐天卡等。另外，像JCB这种既是国际信用卡品牌，同时也是发卡方和收单机构的情况也是有的。

如果用三井住友的卡在和乐天卡签约的电子商务网站上买东西的话，发卡方就是三井住友，收单机构就是乐天。

交易的流程

接下来，我们结合图2说明一下资金和数据的交易过程。

❶ 信用卡的持卡人在电子商务网站上采购商品时候输入信用卡的信息

❷ 电子商务网站将信用卡信息和商品金额等交易数据发送到收单机构进行支付处理

❸ 收单机构通知电子商务网站支付正常结束

❹ 电子商务网站通知持卡人商品采购完成，商品进入配送阶段

❺ 收单机构将交易数据通知发卡方

❻ 发卡方将持卡人所有的交易数据合并，向持卡人收取款项

❼ 持卡人向发卡方支付信用卡的使用款项

❽ 发卡方按收单机构的交易数据支付持卡人应当承担的款项

❾ 收单机构将销售款项合并支付给电子商务网站

▼ 图2 资金和数据处理的流程

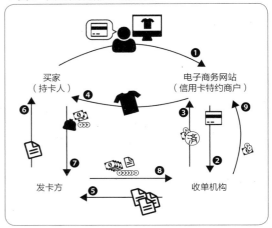

这里，由于我们是为了说明资金和数据的流向，所以省略了支付进行前信用卡可用余额的确认，即查询信用额度的步骤。

 ### 自营和非自营交易

图2介绍的是被称为非自营交易（non on us）的流程。除了非自营交易以外，还存在自营交易（on us）。非自营交易中的发卡方和收单机构是同一个人时，进行的交易就是自营交易，也就是给用户发卡的和管理特约商户的都是同一家公司。使用三井住友的卡在同样是三井住友签约的电子商务网站购物，这就是自营交易。

不管是非自营交易还是自营交易，对于持卡人和电子商务网站来说并没有什么大的区别。此外，发卡方和收单机构之间的交易和通信，都是通过两者间的专用网络进行的。

特约商户协议

为了让顾客能够在电子商务网站和Web服务上使用信用卡消费，网站或服务运营方必须和收单机构签订特约商户协议。

在和收单机构签订的协议中非常重要的一

▼ 表2　主要的第三方支付服务及其所需费用

第三方支付服务	费用
日本	
GMO Payment Gateway	非公开
SoftBank Payment Service	非公开
Veritrans	非公开
paygent	非公开
PayPal	3.6% + 40日元
WebPay	3.4% + 30日元
美国	
Stripe	2.9% + 30美分
Braintree	2.9% + 30美分

项就是可使用的国际信用卡品牌。从商业机会的角度来说，在实现信用卡支付时能使用的国际信用卡品牌当然是越多越好。在日本，主要能使用JCB、MasterCard和VISA，但是也有些收单机构只支持MasterCard和VISA。

 ### 与多家收单机构签约

为了能使用主流的国际信用卡品牌，特约商户也可以和多家收单机构签署特约商户协议，这叫作Multi Acquiring。与此相对，只和一家收单机构签署协议的方式称为Single Acquireing。虽然在海外（指日本以外）确实有与独家收单机构签约的例子，但是在日本，特约商户由于其自身发展历史的原因，一般采用的都是与多家收单机构签约的方式。

对于特约商户来说，采用这种方式的好处是可以按照国际信用卡品牌选择手续费较低的收单机构，但是坏处是需要更多的精力处理多家协议。

 ### 第三方支付服务

第三方支付服务就是合并处理电子商务网站或Web服务和收单机构之间的协议，提供与主流国际信用卡品牌相对应的API的公司。对于特约商户而言，使用第三方支付服务就不再需要和每个收单机构签约，从而能够更简便地实现信用卡支付。再加上第三方支付服务除了能提供连接HTTP等通信的API，还提供各种语言的程序库，因此从技术角度讲，也使信用卡支付的实现更加简单。

主要的第三方支付服务如表2所示。使用第三方支付服务时的费用是每次支付的金额乘以手续费率，再加上处理费得到的总和。很多公司的手续费率是不公开的，但Stripe和WebPay等新的第三方支付服务公开了他们的收费标准。例如使用WebPay销售1000日元的商品后，需要的费用就是$1000 \times 0.034 + 30 = 64$日元。另外，也有些第三方支付服务还需要收取初始费用和月固定费。

 ## 特约商户审查

要想实现信用卡支付，网站或服务的运营方无论是公司还是个人，都需要经过收单机构或者第三方支付服务公司的签约审查，审查通过后才能签署特约商户协议书。进行特约商户审查是为了保护持卡人，不会对新的服务或者商务造成负面影响，这点不需要担心。

审查的内容是基于特定商业交易法和分期收款销货法等法律规定，以及收单机构或者第三方支付服务公司的加盟规约和自定规则决定的。因此，从网站或服务运营商的角度来看，目前成为特定商户并没有明确的标准，对审查的内容也不好把握。但是收单机构和第三方支付服务最重视的就是特定商业交易法，所以首先要确保符合特定商业交易法的规定。哪怕是不实现信用卡支付，特定商业交易法也是日本通过互联网进行销售时最重要的法律，因此运营电子商务的Web服务和电子商务网站必须要确认行为符合该法的要求。

 ### 特定商业交易法

特定商业交易法是日本避免销售商家和消费者之间产生纠纷的法律。正式的名称是《关于特定商业交易的法律》，也简称为“特商法”。该法制定于1976年，已经进行过多次修订，现在是在日本互联网上进行电子商务交易时所要遵守的基本法律。在互联网上进行交易时涉及的特定商业交易法的有关事项，总结在经济产业省发布的"互联网电子商务事项FAQ"[3]中。

在特定商业交易法中，与互联网交易相关的检查点是"广告告知义务""禁止夸大广告""禁止违反顾客意愿递交协议"这3点，下面我们就依次说明一下。

◉ 广告告知义务

特定商业交易法中的"广告"和一般意义上的广告不太一样，不是"基于商业目的宣传产品和服务"，而是指广义的"向社会告知"的意思。

进行电子交易的Web服务或电子商务网站在Web站点上必须按照特定商业交易法向用户告知相关事项（广告），而有义务告知的事项包括以下12条。

❶ 销售价格
❷ 送货费用
❸ 销售价格及送货费用以外的、用户应该负担的项目和金额
❹ 支付时间期限
❺ 支付方法
❻ 商品交付时间
❼ 退货等特殊事项
❽ 商家姓名或名称
❾ 商家地址
❿ 商家电话号码
⓫ 代表人姓名或者责任人姓名
⓬ 通过软件交易时对软件的环境要求

一些不负责送货的Web服务对于送货等项目没有必要记述。

在退货等特殊事项中还要记载商品的退货流程、消费者所享有的后悔权[4]等相关描述。并不是说根据特定商业交易法，后悔权相关事项的受

理就变成了一种义务，但有时会根据分期收款销货法要求记述，关于这点我们在后面会说明。

负责回答商家信息和其他信息问询的责任人的姓名必须要标明。但如果商家是个人，责任人和商家都是同一人的时候，责任人的项目可以省略表示。

◉ 禁止夸大广告

为了防止和事实严重相违的广告造成消费者的损失，在特定商业交易法中禁止夸大广告。夸大商品的性能和效果的具体示例子，使用"完全""只有我们公司""最高级""特选""最廉价"等字样的广告。这样的描述属于"误导消费者认为商品比实际情况更为优良，或者更有利的描述"，会损害消费者的利益，所以被禁止。如果使用了上述例子描述的字样，那就必须给出能切实证明该描述正确的数据。

◉ 禁止违反顾客意愿递交协议

在特定商业交易法中禁止如下行为：采用消费者无法清晰识别的形式告知点击后将会提交消费申请；不提供使消费者可以轻松确认及修改申请内容的项目。

作为正面示例，我们来看看在Amazon购买商品时最终确认的界面（图3）。

可以看到界面上有修改和确认的按钮，这些处理可以随时进行。这样的界面就可以防止犯了"违反顾客意愿递交协议"的错误。

将确认界面和修改按钮放在醒目位置，对于用户体验也有好处。能更加积极主动地进行修改和确认的操作界面设计确实很重要。

 ## 后悔权和分期收款销货法

分期收款销货法比特定商业交易法更古老，1961年信用卡出现在日本以后该法就被制定出来了。这个法律的目的在于通过确保分期收款销货[5]等交易的公正性、防止消费者遭受损失以

---

③ http://www.meti.go.jp/policy/consumer/monitoring/sakuseichu/qanda.htm
④ 后悔权是指消费者可以在一定时间内无需说明理由、无条件地撤销申请、解除协议的制度。

---

⑤ 约定每年或者每月定期支付货款的销售模式。

▼ 图3　Amazon 的确认界面

及对信用卡卡号等进行适当管理等措施，推进分期收款销货等交易的健康发展，同时保护消费者利益，促进商品的流通和完善服务的提供，从而推进国民经济的发展。

进行特约商户审查时，有时会按照分期收款销货法，要求在"基于'特定商业交易法'的规定"中，将对于商品退货和后悔权的描述添加进退货等特殊事项的条款中。例如，对于需要一次性支付全年培训费用的模式就要特别注意。按照服务的提供模式可能会有所不同，但是健身、语言培训、计算机培训等"持续提供的特定服务"⑥在进行特约商户审查时就很容易出现问题。提供这种类型的 Web 服务时，不能签订高额的长期协议，或者需要恰当地记述后悔权的相关说明。

其他法律

除了特定商业交易法和分期收款销货法以外，

特约商户审查还会涉及到一些其他的法律。例如按照法律规定，销售酒类等商品时需要取得相关资格，在互联网上销售也是同样的。进行特约商户审查时，资格证明等材料也会作为必要的资料被要求提交上去。

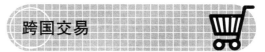

跨国交易

在互联网上是没有国境的。进行跨国交易从商业机会的角度来说是好事，但也会随之发生新的问题。这里我们针对不同国家的法律、跨境签约收单机构和货币问题进行说明。

国际私法原则

在日本，国际私法的原则就是《法律适用通则法》。国际私法是指在不同国家间发生法律问题时，规定应该适用哪个国家的法律来进行处理的法律。

防止跨国纠纷的发生，有效的方法就是在签订服务使用协议时，事先确定好适用法律、

---

⑥ 指的是那些由特定商业交易法定义的、不接受服务无法知道其效果的服务。

纠纷解决手段和裁判管辖权。但是在其他国家的法院进行诉讼的话，可能会有裁定不适用通则法，或适用他国消费者保护法的可能。

一般来说，适用哪一个国家的法律在美国、欧盟、中国、韩国等国家都各不相同，不能一概而论。例如美国的消费者起诉日本商家的时候，如果事先约定了裁判管辖权，那就以此为准。但是，欧盟国家的消费者如果起诉日本商家的时候，和是否约定了裁判管辖权无关，直接适用消费者所在地的法律。所以从日本通过互联网对美国和欧盟提供服务的时候，就要做两手准备，一个是就裁判管辖权取得一致意见，一个是针对消费者所在地做好对策。如果想知道其他示例和其他国家的情况，请参考经济产业省发布的、总结了跨国电子交易法律问题的讨论会报告书[7]。

跨境签约收单机构

特约商户和不同国家的收单机构进行签约叫作跨境签约收单机构。国际信用卡品牌原则上是禁止这种行为的。禁止的原因是各国的收单机构都只是管理各自国家特约商户的机构，对于海外的特约商户很难管理到位。

尽管在原则上是禁止的，但实际上这种情况是存在的。例如在日本国内无法实现信用卡支付的成人类销售，就会使用手续费很昂贵，但审查上比较宽松的国外第三方支付服务，或跨境签约收单机构，以此实现信用卡支付。但是，由于基准法律不同，不遵守特定商业交易法的事情时有发生，导致无法保护消费者的利益，很容易成为滋生纠纷的温床。

不过，与航空、运输关联的支付倒是比较积极地认同跨境签约收单机构。

货币问题

关于货币问题，国际信用卡品牌为了在全世界能使用信用卡而做了充足的准备，但有的第三方支付服务并不能应对这个问题。表2展示的第三方支付服务中，PayPal能够应对相对较多的货币。另外，即便能应对各种各样的货币，支付方国家如果固定或限定使用某一货币支付的话，还会发生汇兑损益的问题。

非法使用对策

在实现了信用卡支付的服务中，信用卡支付被非法使用的情况有不少。

具有代表性的例子就是非信用卡持有人对信用卡的"盗用"和使用假卡。在网站或服务的运营上，要考虑相应对策防止暴力输入信用卡卡号等非法访问。

另外，众包[8]、众筹[9]等Web服务和销售CGM（Consumer Generated Media，消费者创建媒体）类数字内容的时候，用户可能会通过和自己交易的方式，将信用卡的购物余额套现，或用于洗钱。这时候，像开设银行账户一样，需要本人确认等信用担保。

总 结

本章介绍说明了信用卡支付的基础知识。在选择第三方支付服务的时候，需要结合第1章说明的逐次（随时）支付、定期支付（订阅）、按量支付等实现的支付方式，再结合不同第三方支付服务的标准、费用，综合地加以判断。对于从没有实现过信用卡支付的人，笔者建议使用已经公开规范和测试环境的第三方支付服务，先掌握在实际实现中的关键点。另外，在应对特定商业交易法时也请应用本章的内容。

---

[7] http://www.meti.go.jp/policy/it_policy/ec/crossborderec_houkokusho.pdf

[8] 通过互联网将业务委托给用户的服务。

[9] 由很多非特定用户出资的服务。

## 第 3 章

信用卡支付的信息安全

信息泄露对策的要点和
国际信息安全标准 PCI DSS

文/久保溪 KUBO Kei
译/成勇 审读/张荣晋
WebPay 股份有限公司

(mail) ▶ keikubo@gmail.com
(GitHub) ▶ keikubo
(Twitter) ▶ @keikubo

日益增加的 Web 服务信息泄露

在 Web 服务和应用程序中实现支付，信息安全是无法回避的问题。根据 NPO 日本网络安全协会的调查[①]，个人信息泄露事故在 2004 年到 2011 年间，从 366 起增加到 1551 起，多了 4 倍。这个数字还仅限于发现的事故，可以推测如果包含那些未被发现的事故在内，这个数字将会更多。

在个人信息中，特别是信用卡信息，一旦发生泄露就是直接和资金损失相关，所以风险也更高。而且，泄露的信息还可能被用于市场上的非法交易等行为，从而引发间接损失。最近的例子在 2013 年 3 月，销售眼镜的网站"JINS 在线商店"遭到非法访问攻击，被盗取了 2059 位用户的信用卡信息。对于开发者来说，该怎样处理信用卡信息才是安全的，成了他们烦恼的根源。

本章首先会明确说明使用信用卡支付时需要重点防止泄露的信息，并在此基础上，列举为防止信息泄露而需要注意的重点，最后介绍了防范信息泄露措施的标准化平台——PCI DSS 安全标准。

信用卡信息泄露的 3 点危害

一旦发生信用卡信息泄露，发生的损失主要有以下 3 点。

---

① http://www.jnsa.org/result/incident/2011.html

被国际信用卡品牌罚款

第一个是将要承担 MasterCard、Visa 等国际信用卡品牌的罚款。对国际信用卡品牌来说，担保信用卡交易安全是很重要的，因此发生这种使信用受损的泄露事故的话，会根据具体情况进行罚款。比方说，MasterCard 在信息泄露事故发生后，如发现违反了后述的 PCI DSS，每次事故将有 15 000 美元至 10 0000 美元的罚款，还要按信用卡泄露信息的数量承担相应的处理费用。

对信用卡持卡人进行赔偿

第二个是对信用卡持卡人进行赔偿。一旦发生了信息泄露，就要重新发行该信用卡。信用卡的重新发行和后续等因泄露信息产生的费用，也是由运营商承担。再加上大部分的情况下，信息被泄露的信用卡的持卡人一般都是 Web 服务和应用程序的重要客户，因此还会产生为了维持顾客关系而增加的处理成本。

品牌价值损失

第三个是品牌价值损伤带来的损失。要想恢复价值受损的品牌需要付出巨大的努力，而且品牌价值的损失还会带来商业机会的流失。

信用卡支付就是这样伴随着很大的信息泄露风险。由于很难单方面对信息安全无限制投入资源，所以运营方必须掌握高效的重要信息保护技术。

必须保护的信息是什么

在 Web 服务和应用程序开发中，可以肯定的是个人信息比什么都重要，必须要防止泄露。但是对于实现信用卡支付系统而言，还存在明确和其他信息分开的、需要特别重视的信息。这个信息就是信用卡卡号。

极端地说，信用卡的有效期限、持卡人姓名、账单地址等信息就算是泄露了，只要没有泄露信用卡卡号，也能防止间接损失。反过来，信用卡卡号一旦泄露，其他信息哪怕是没有泄露，也无法避免不正当交易等间接损失。

也就是说，防止信用卡信息泄露几乎等同于防止信用卡卡号泄露。

信息泄露的3大途径

那么，信用卡信息是通过什么途径泄露的呢？信息泄露的途径大致可分为保存、处理、传输。那我们就通过这3个途径来看看相应的防范措施。

已保存信息的信息泄露对策

我们听到 Web 服务的信息泄露时，首先想到的应该就是已保存的信息被泄露了吧。比方说，在数据库中明文保存信用卡信息的话，信息就有可能遭受 SQL 注入等攻击从而被窃取。

● 对策1：服务器端 Token 支付

最最有效的对策就是对于重要的数据如果不是必需的话就不要保存。原本就没有保存数据，那数据自然而然就不会泄露了。这样，三大泄露路径中的一个就从系统中完全排除掉了。如果使用第三方支付服务提供的服务器端信用卡 Token（令牌）功能，那么不保存信用卡的信息，也能实现定期订阅支付或一键支付的功能。

首先要做的就是慎重讨论信息是否有必要保存在系统中。如果慎重讨论的结果是有必要

保存，那么可以采取的代表性对策就是后面将要说明的网络分离和给数据库中保存的数据加密。

另外，和信用卡公司签订的协议中也会规定有些数据不能保存。例如，在第2章中介绍的信用卡的 CVC、CVV 就是禁止保存的。

● 对策2：网络分离

网络分离指的是将应用服务器、NTP 服务器等必须经由互联网才能访问的服务器和保存信用卡卡号的数据库分离成不同网络的做法。通过网络分离，可以构建出哪怕从互联网入侵了应用服务器，也无法轻易访问数据库的环境。

● 对策3：数据库加密

数据库加密是指对数据库本身进行加密，或者对信用卡卡号进行加密再保存的做法。如果是给信用卡卡号加密，在使用的时候还要解密，所以需要使用可逆加密算法。信用卡卡号加密保存的话，信息泄露时只要解密的密钥没有同时泄露，那么也能防止发生间接损失。

 ## 处理时信息泄露的对策

即使不将信息保存到自己的数据库中，也不代表就能高枕无忧了。自己公司服务的服务器端接收信用卡信息的程序在进行处理的时候，也有可能被植入恶意代码，造成信息泄露。和已保存泄露相比，这种泄露很容易被忽视，所以很多 Web 服务并没有采取防范对策。

最有效的对策依然是不在自己的服务器上处理重要的数据。信用卡信息如果不在自己公司的服务器上处理的话，就能防止在处理途径上的泄露。

● 对策1：使用跳转式支付页面

既可以回避在自家服务器上处理，又可以实现信用卡支付的一个传统手段就是使用第三方支付服务提供的跳转式支付页面。例如在 PayPal，结算时买家会跳转到 PayPal 的结算页面。在这个页面上输入信用卡卡号并点击支付按钮，

▼ 图1　客户端 Token 支付的流程

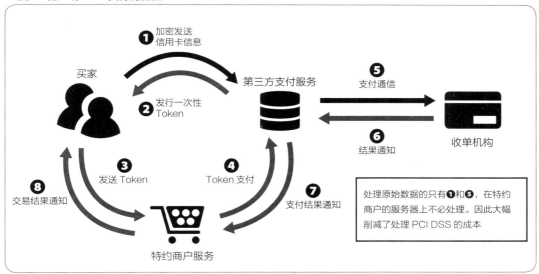

❶ 加密发送
信用卡信息

买家

第三方支付服务

❺ 支付通信

❷ 发行一次性
Token

❻ 结果通知

收单机构

❽ 交易结果通知

❸ 发送 Token

❹ Token 支付

❼ 支付结果通知

特约商户服务

> 处理原始数据的只有❶和❺，在特约
> 商户的服务器上不必处理。因此大幅
> 削减了处理 PCI DSS 的成本

完成支付后买家又返回到原来访问的网站，至此支付完成。

使用跳转式支付页面的系统虽然安全，但还是有两个缺点。一个是使用了非自己公司管理的页面进行支付，在使用 Google Analytics 等网站分析工具获取转化率和退出率等数据时会有些困难。还有一个就是由于是跳转到其他公司的网站，所以很难统一界面或改进窗体。

● 对策2：客户端的 Token（令牌）处理

一种既能改善跳转式的缺点又能回避自己服务器处理的机制最近被广泛应用。那就是将信用卡信息在客户端进行 Token（令牌）化处理，只将 Token 传递给 Web 服务和应用程序的运营商的方法（图1）。在日本只有 WebPay 提供该机制。

具体来说，就是在 Web 应用程序上使用 JavaScript，在智能手机的本地应用程序上使用专用的 SDK 进行 Token 处理。用 Token（令牌）代替需要发送给运营商服务器端的信用卡信息，就可以在回避信用卡信息处理的同时实现信用卡支付。

客户端的 Token 处理对于后面要说的传输时的信息泄露也是有效的防范对策，特别是在支

付技术先进的美国也非常受重视。

 传输时信息泄露的对策

最后是在信用卡信息进行传输时发生的泄露。从攻击方法来看的话，表现为中间人攻击形式的通信窃听和数据被发送给第三方服务器等。

● 对策1：SSL 加密

作为具体的对策，首先要做到的就是必须在进行 SSL（Secure Socket Layer，安全套接层）加密处理的环境中收发信用卡信息。

● 对策2：客户端的 Token（令牌）处理

上文所述的客户端 Token 处理在防范这个途径的信息泄露上也是有效对策。

 信用卡信息泄露措施的总结

服务器端的 Token 处理是避免保存信用卡卡号的手段，而客户端的 Token 处理则是避免处理和传输信用卡卡号的手段。同时使用这个两个办法，就能有效回避保存、处理、传输这三大信息泄露途径，实现信用卡支付系统。

重要的是在 Web 服务和应用程序的开发过

程中，我们一定要仔细讨论在信息安全上要投入多少资源。如果没有充分投入的资源，能否将关键风险点转嫁，就要看能否回避发生信息泄露的途径了。

PCI DSS——防范信用卡信息泄露的国际安全标准

对我们前面所说的内容进行了更加系统性的总结，并作为防止信息泄露的安全标准提出的就是 PCI DSS（Payment Card Industry Data Security Standard，支付卡行业数据安全标准）。PCI DSS 安全标准是由 American Express、Discover、JCB、MasterCard、VISA 这5大国际信用卡品牌共同创立的 PCI SSC（PCI Security Standards Council，PCI安全标准委员会）制订的，现行版本是2010年10月修订的2.0版本。

PCI DSS 的12大要求

PCI DSS 标准有12大要求和288个详细项目。这些内容涵盖网络、服务器架构、加密、运营方针等多个方面，展示了防止信用卡信息泄露具体要做什么，又该如何去做。

12大要求如表1所示。详细的288个项目可以从 PCI SSC 的官方网站[②]下载 PDF 阅读参考。

PCI DSS 合规义务化的趋势

PCI DSS 合规义务化趋势正在逐渐扩大。

在美国的马萨诸塞州、明尼苏达州和加利福尼亚州等，对于包括 Web 服务或应用程序运营商在内的所有处理信用卡信息的组织，遵守 PCI DSS 已成为一种义务，违反者可以被判处刑事处罚。

在日本，日本信用卡协会和经济产业省联合推出了《日本信用卡信息管理强化的执行计划》[③]，该计划中指明了所有的 Web 服务运营商以2013年3月为期满足 PCI DSS 合规的方针。目

---

② https://www.pcisecuritystandards.org/documents/PFI_Program_Guide.pdf

③ http://www.j-credit.or.jp/download/120530_news.pdf

▼ 表1　PCI DSS 的12个安全要求

编号	要求
构建和维护安全的网络	
1	为了保护持卡人的数据，安装防火墙并维护架构
2	系统密码以及其他安全参数，不使用供应商的默认值
保护信用卡会员的数据	
3	保护存储的持卡人数据
4	通过开放的公共网络传输信用卡会员数据时，进行加密处理
维护漏洞管理程序	
5	使用查杀病毒的软件或程序，并定期更新
6	开发和维护安全性高的系统和应用程序
实行严格的访问控制措施	
7	将持卡人数据的访问限制在业务必要的范围内
8	给可以访问计算机的每个用户分配唯一的ID
9	限制对持卡人数据的物理访问
定期监视和测试网络	
10	跟踪和监视网络资源以及对持卡人信息的一切访问
11	定期测试信息安全系统和处理流程
维护信息安全方针	
12	维护所有作业人员的信息安全方针

前，这个期限已经过了，对于带有信用卡支付的所有 Web 服务和应用程序，都强制要求其遵守 PCI DSS。

一方面 PCI DSS 合规可以提高安全性，但另一方面，这种义务对于 Web 服务和应用程序的运营商来说也是一个很大的负担。

PCI DSS 合规的实际事务

◉ 确认泄露的危险度和需要合规的项目数

在讨论 PCI DSS 合规的时候，首先是按照表2确认己方运营的 Web 服务或应用程序属于哪种类型。类型是按照信息泄露的风险划分的，不同类型需要 PCI DSS 合规的项目数也不同。

表2的五种类型中，B 和 C-VT 针对的对象是离线处理信用卡支付的实体店铺。Web 服务和应用程序则属于 A、C、D 中的任意一种。

不同类型的合规项目数和该类型信息泄露的风险度成正比。类型 A 属于信用卡信息的保存、处理和传输都不在自己公司处理，而是全部委

▼ 表2　PCI DSS的合规分类

类型	概　要	需要合规的项目
A	不需要出示信用卡的Web服务和应用程序（所有涉及持卡人信息的功能都会委托给外方）	13
B	不以电子形式保存信用卡信息，使用离线的、用压印机复制信用卡压模文字的设备，或者独立的、仅使用拨号上网的终端设备的店铺	29
C-VT	VT是Virtual Terminal（虚拟客户端）的简称，使用基于Web的虚拟客户端、不以电子形式保存持卡人数据的离线店铺	51
C	支付应用系统连接互联网，不以电子形式保存持卡人数据的Web服务和应用程序	80
D	其他所有Web服务和应用程序	288

托外方的情况，合规项目数是13。类型C进行处理和传输两个环节，合规性项目数为80。如果还需要保存，就变成了类型D，需要所有的288项都合规。

另外，在本特辑的第4章~第6章中将会介绍经由第三方支付服务和框架平台的支付方式，这样实现的支付不管哪一个都是相当于有13个合规项目的类型A。但是，在第5章中提到的不使用Token直接发送信用卡卡号的情况要适用80个合规项目的类型C。

● PCI DSS合规花费的成本和工夫

几乎所有的收单机构和第三方支付服务都是类型D，每年需要投入数百万日元到数千万日元的成本以保证足够的信息安全，满足PCI DSS合规性。使用第三方支付服务的服务根据各自的需求可能分属A、C、D中的任意一个类型，需要充分注意的是讨论具体的需求，控制合规成本。

在PCI DSS合规中，Web服务运营商有一个每年600万交易数量的阈值，MasterCard和VISA卡在超过这个数量的时候，就需要由PCI SSC认证的审查员进行实地的监督检查，这叫作现场安全审核。如果没有超过每年600万的交易数量，则需要向收单机构提交自查报告、指定机构的网络安全扫描结果和PCI SSC发布的合规性证明这三个文档来达到PCI DSS合规。

信息安全对策并没有所谓万无一失的正确答案，但它至少意味着意识到了系统内信息泄露的高风险点并采取了相应的对策。特别是国际信用卡品牌制定的PCI DSS，作为处理信用卡信息时的信息安全标准框架，是非常有效的。熟练运用这个框架，将信息安全保持在一定的水准上，对于业务的持续发展来说是不可缺少的。

实现 PayPal 支付
跳转式标准版 Web 支付和嵌入式加强版 Web 支付

文 / 久保渓　KUBO Kei
译 / 成勇　审读 / 张荣晋
WebPay 股份有限公司
mail ▶ keikubo@gmail.com
GitHub ▶ keikubo
Twitter ▶ @keikubo

PayPal 是什么

接下来的第4章到第6章，我们将说明具体实现支付系统的方法。本章说明的是在 Web 服务中实现起来比较简单易懂的 PayPal 支付。

PayPal 是总部在美国加利福尼亚州圣何塞市的一家企业，母公司是世界上规模最大的拍卖网站 eBay。PayPal 面向日本市场的第三方支付服务是由据点在新加坡的当地法人运营的[1]。PayPal 主要提供使拥有 PayPal 账户的人在购物时能简便进行资金往来的第三方支付服务。

PayPal 在全世界范围内使用，注册的账户数中仅1年内有使用记录的活跃账户数就超过了1亿[2]。

PayPal 账户

PayPal 的基本功能是支持 PayPal 账户拥有者之间进行的资金往来，所以无论是准备在 Web 服务中实现 PayPal 支付的人，还是在已经实现了 PayPal 支付的 Web 服务上购物的人，都必须注册 PayPal 账户。

注册了 PayPal 的账户后，买家使用 PayPal 支付时不需要将自己的信用卡信息告诉 Web 服务运营商，这样就确保了安全的信用卡支付。

而且，PayPal 账户已经事先绑定了信用卡，这样在购物时就省去了信用卡信息的输入。买家购物时会在专用的 PayPal 支付页面，用注册好的邮箱地址和密码登录 PayPal 账户，进行支付。

Web 服务的运营商也不用处理本来就不需要的信用卡卡号，这样，在信息安全上不用花费太多成本，就能轻松实现信用卡支付系统。

账户的种类

PayPal 的账户分为个人账户和商家账户两种。

个人账户是主要以买家为使用对象的账户，在实现了 PayPal 支付页面的 Web 服务中购物或支付时使用。但是个人账户不支持服务提供商或卖家的收款业务。

商家账户是以收款人为使用对象的账户。个人在收款的时候，也必须使用商家账户。当然也能用商家账户购物。本章后续说明的所有 PayPal 第三方支付服务的使用，都以拥有商家账户为前提。

主要的支付解决方案

PayPal 除了支持 PayPal 账户拥有人之间的资金往来以外，也提供各种各样的支付解决方案。这里我们介绍一下主要解决方案的概要。

● 标准版 Web 支付[3]

标准版 Web 支付是面向初学者的支付解决

---

① PayPal 于 2006 年 8 月在新加坡新成立了 PayPal Private Limited 公司，以便更好地服务美国以外的地区，特别是亚太和欧盟地区的用户。——译者注

② https://www.paypal.jp/jp/contents/start/about/

---

③ 在中国 PayPal 网站上称为网站付款标准版。——译者注

方案。只需要在Web服务中设置按钮，就能实现PayPal支付，引导卖家跳转至PayPal支付页面，接受付款请求。

该解决方案适合以下人士使用。

- 希望在Web服务中轻松实现支付的人
- 商品数量很少的电子购物网站或计价体系单一的Web服务运营商
- 不具有丰富编程知识的人

在第3章中也曾说过，这种跳转式的支付页面很难获取转化率和退出率的数据，也不适合需要维持Web网站设计一致性的情况。

◉ 快速结账

快速结账是比标准版Web支付有更多功能的支付解决方案。通过使用PayPal提供的API（应用程序接口），可以实现和库存管理系统的联动等。

◉ 加强版Web支付④

前面介绍的两个解决方案都需要跳转至PayPal事先准备好的支付页面上，但加强版Web支付就可以在自己的服务内完成所有支付。如果想使用加强版Web支付，需要在Web服务中利用iframe，以便将PayPal事先准备好的支付form表单嵌入。这样的话，能够进一步提高网站的一致性，减小卖家在半道离开网站或者在购物途中终止的概率。

使用加强版Web支付，必须事先提交包

含本人确认证明等在内的必要文件，并通过PayPal的审查。

◉ 开具账单

账单工具是没有Web网站也能实现Web支付的解决方案。通过邮件发送账单，使用邮件中记载的链接完成支付。

◉ PayPal Here⑤

PayPal Here是这里介绍的解决方案中唯一的、供实体店铺使用的支付解决方案。PayPal提供专门的应用程序和专用读卡器，通过这些能够使用智能电话实现实体店铺的信用卡支付。

支付手续费

各支付方案的服务手续费见表1⑥。表中的手续费是在处理日本国内信用卡时的一般费用体系。除此之外，针对下列特殊情况，还有另外设定的手续费体系。

- 处理国外发行的信用卡时产生的交易手续费
- 对于满足销售额等一定条件的账户，有优惠的商家费用
- 对两千日元以下的小额交易最合适的小额支付

在Web服务中实现 PayPal支付

接下来我们介绍一下在Web服务中实现PayPal支付的方法。首先我们会说明在面向Web服务的支付解决方案中最普通的标准版Web支付的实现方法，然后再简单说明加强版Web支付的实现方法。

---

④ Website Payments Pro Hosted Solution，该解决方案目前仅在澳大利亚、法国、中国香港、意大利、日本、西班牙和英国提供（https://developer.paypal.com/webapps/developer/docs/classic/products/#HSS）。——译者注

▼ 表1　PayPal支付解决方案的手续费

解决方案名称	月固定费	1次交易的基本费用（日本国内）
标准版Web支付	无	3.6% + 40日元
快速结账	无	3.6% + 40日元
加强版Web支付	3000日元	3.6% + 40日元
账单工具	无	3.6% + 40日元
PayPal Here	无	5%

⑤ 目前中国PayPal并未提供该解决方案。——译者注
⑥ 中国PayPal的费用情况请参考https://www.paypal.com/c2/webapps/mpp/paypal-fees。——译者注

标准版Web支付的实现步骤

标准版Web支付通过在Web服务中设置PayPal支付按钮，使买家单击该按钮后可跳转至PayPal支付页面进行支付，从而在Web服务中轻松实现支付系统。虽说仅仅是设置按钮的简单机制，但是能够实现下列各种支付。

- 单件商品销售
- 多件商品的销售（简易购物车功能）
- 定期自动支付（定期订阅支付）

实现标准版Web支付时，先使用商家账户登录PayPal，然后在上面的选项菜单中选择"支付服务"（PayPal中文版中是"商家工具"）。在下面显示的第三方支付服务中选择"标准版Web支付"（PayPal中文版中是"网站付款标准版"）后，就会显示几个可以嵌入到Web服务中的按钮示例（图1）

从这些按钮示例中，结合自己Web服务的计费模式，选择适当的按钮，点击下面的"立即创建"即可创建PayPal按钮。在按钮创建页面还能设置商品售价、税费和运费等（图2）。

输入合适的值后就会生成一个和这些数值相匹配的支付按钮的HTML代码（图3）。将这个HTML粘贴到Web服务代码中，使用标准版Web支付的PayPal支付就实现了。像这样，不怎么有编程知识的人也能短时间实现这种解决方案。

▼图1　标准版Web支付中使用的按钮

▼图2　按钮创建页面

▼图3　生成PayPal支付按钮的HTML代码

加强版 Web 支付的实现步骤

接下来我们要说明的是嵌入到 Web 应用程序内的加强版 Web 支付的实现步骤（图 4 ）。

加强版 Web 支付的实现要比标准版 Web 支付复杂，不过 PayPal 公开了《加强版 Web 支付实施手册》[7]，所以我们就按照这个手册的说明来介绍嵌入的例子。

---

[7] https://www.paypalobjects.com/webstatic/ja_JP/developer/docs/pdf/paymentsplus_jp.pdf（日语版）。
https://www.paypal.jp/uploadedFiles/wwwpaypaljp/Supporting_Content/jp/manual/2012.10_PP_WebPaymentsPlus_Integration%20Guide_EN.pdf（英语版）。——译者注

▼ 图 4　嵌入加强版 Web 支付的支付页面

为了在 Web 服务中显示支付 form，首先要准备显示用的 iframe（代码清单 1-❶）。然后以 iframe 为 target，准备传递必要参数的 form 表单（代码清单 1-❷）。最后，用 JavaScript 实现解析页面时 form 的自动通信（代码清单 1-❸）。

这样，显示支付页面的时候 form 就可以通过 JavaScript 自动通信，从 PayPal 返回的数据也会显示在 iframe 中。

总　结

本章为 Web 服务和应用程序的开发者介绍了第三方支付服务 PayPal。利用标准版 Web 支付和加强版 Web 支付，就可以不必进行大规模的系统改造，也能在 Web 服务中实现信用卡支付系统。

▼ 代码清单 1　实现了加强版 Web 支付的页面（ webpaymentsplus.html ）

```
（省略）
<iframe name='hss_iframe' style='width:590px;height:560px;'></iframe> ❶
（省略）
<form action='https://securepayments.sandbox.paypal.com/cgi-bin/acquiringweb'
  method='post' name='form_iframe'
  target='hss_iframe' style='display:none;'>
  <input name='cmd' type='hidden' value='_hosted-payment'>
  <input name='subtotal' type='hidden' value='1554'>
  <input name='business' type='hidden' value='P8HNLXUB3DRQA'>
  <input name='lc' type='hidden' value='jp'>                              ❷
  <input name='paymentaction' type='hidden' value='sale'>
  <input name='template' type='hidden' value='templateD'>
  <input name='return' type='hidden' value='https://www.example.com/confirm.html'>
</form>
<script tyee='text/javascript'>
    document.form_iframe.submit();  ❸
</script>
（省略）
```

第5章

实现WebPay支付

使用RESTful Web API[1] 实现信用卡支付

文／滨崎健吾　HAMASAKI Kengo
WebPay股份有限公司
URL ▶ http://hmsk.me/
mail ▶ k.hamasaki@gmail.com
GitHub ▶ hmsk
Twitter ▶ @hmsk
译／成勇　审读／张荣晋

打包第三方支付服务的服务

通常的第三方支付服务，服务内容都是和信用卡公司、银行等金融机构的往来交易。最近，出现了在此之外还附加了某些价值的新服务，和PayPal一样也很十分引人注目。尽管除了WebPay以外的服务在日本还不能使用，但是在这里我们还是来介绍几个有趣的服务。

Simple

——把关于支付的一切信息都搬到Web上

例如一个名为Simple[2]的服务在注册后会给用户发送VISA的借记卡。这个卡的使用状态能在浏览器和智能手机上实时查询。而且，在借记卡的每条使用记录中，都会附带照片和进行消费的商店等信息。这些信息以类似Twitter时间轴的形式排列，使支付信息本身可以像生活日志那样表现出来。

LevelUp

——代替信用卡

LevelUp[3]是使用QR（二维码的一种）码替代信用卡的服务。下载应用后绑定信用卡，在店铺使用的时候，只需扫描QR码就可以进行支付。不必随身携带信用卡，既减少了被盗刷的风险，

同时也能将所有的支付信息都存储在一个地方，即使使用多张信用卡，也能在一个支付记录中查阅。

Stripe

——开源且易懂的支付API

Stripe[4]是提供API的服务，它追求支付机制的简化，不仅是向信用卡请款，所有与支付相关的处理都可以通过API进行。Stripe支持美元和加拿大元，使用的是能将计费、顾客等信息作为资源来处理，API的规格也不过分依赖与商业逻辑的RESTful架构。另外，由于Stripe是开源API，可以由不同的程序员开发不同编程语言及面向不同平台的程序库，这在实现支付时能削减大量成本。现在有数千个Web服务[5]已经使用了Stripe，进入到了程序库开发者增加的良性循环中。

WebPay

——支持日元的Stripe兼容API

WebPay是本特辑的作者们开发并运营的服务，提供支持日元并兼容Stripe的RESTfull API，不过并不具有Stripe定期订阅支付相关的功能。

本章将要说明的就是在Web服务和应用程序中实现WebPay信用卡支付和其他相关处理的方法。

WebPay的特征

我们先来介绍一下WebPay的特征。

---

① RESTful可以简单地理解为一种互联网上的传输规范，以此实现在互联网上直接调用某个资源，是互联网上构建API的最规范的做法。——译者注

② https://simple.com/

③ https://www.thelevelup.com/

④ https://stripe.com/

⑤ https://stripe.com/gallery

 提供测试环境

只要用户进行注册，WebPay就会提供实际上并不发生支付的测试环境，因此用户可以马上着手开始支付功能的开发。

例如，通过在命令行上像下面这样将信用卡的信息和金额、认证用的key作为HTTP(S)请求的参数POST请求，就能尝试信用卡支付[⑥]。

```
$ curl "https://api.webpay.jp/v1/charges" \
-u "test_secret_7u7fWx6xObdffBLbr8eJL11L:" \
-d "amount=1554" \
-d "currency=jpy" \
-d "description=购买WEB+DB PRESS" \
-d "card[number]=4242-4242-4242-4242" \
-d "card[exp_year]=2015" \
-d "card[exp_month]=12" \
-d "card[cvc]=123" \
-d "card[name]=KENGO HAMASAKI"
```

通过上面的命令，可以对如下信息执行信用卡支付，支付金额为本杂志(日本版)的价格1554日元。

- 信用卡卡号：4242-4242-4242-4242
- 持卡人姓名：KENGO HAMASAKI
- 有效期：2015/12
- 安全码：123

在上面的代码中，还附加了之后确认信息时作为提示的说明信息"购买WEB + DB PRESS"。

测试环境和正式环境的不同点仅仅是用于认证的API key不同，一旦通过正式环境使用的审查，马上就可以进行支付。curl命令的-u选项发送的字符串就是API key[⑦]。

 能够实现独有的支付页面

WebPay和第4章介绍的PayPal的不同之处就在于是否有用户界面的限制。在使用PayPal的时候，由于是跳转到PayPal页面进行支付，或者是通过嵌入使用PayPal提供的接口，因此在Web服务中无法开发自己独有的支付页面。

与之相反，WebPay则是必须独自实现支付处理，虽然会花费开发成本，但是能够分析用户退出率和改善界面。

当然，和PayPal那种在众多地点使用，并不担心信用卡信息输入的界面相比，WebPal也有因不知道在哪里处理什么信息而给用户带来不安的缺点。如何改善这个方面的缺点，必须和界面的设计一起好好考虑。

 能够使用Stripe的信息和程序库

在实现信用卡支付的时候，大多第三方支付服务各自的处理规范都是作为机密信息来处理的，即使世界上有很多开发者进行了同样的实现，这些信息也无法从Web上获取。

但是如果使用WebPay，API的信息是开放的并兼容Stripe，因此实现支付的代码可以从Web上找到并参考，也可以直接使用对应不同编程语言的、十分方便的程序库。例如使用Ruby时，就可以使用面向Stripe的gem[⑧]。在可以使用这个gem的环境中执行如下Ruby代码，就能轻松地进行支付了。

```
require "stripe"
Stripe.api_key  = "test_secret_7u7fWx6xObdffBL
br8eJL11L"
Stripe.api_base = "https://api.webpay.jp"
Stripe::Charge.create(
    amount: 1554,
    currency: "jpy",
    description: "购买WEB+DB PRESS",
    card: {
        number: "4242-4242-4242-4242",
        exp_month: "11",
        exp_year: "2014",
        cvc: "123",
        name: "KEI KUBO"
    }
)
```

本章的代码示例是使用Ruby和这个面向Stripe的gem推进的。以后的各代码示例也以先执行上述代码的前三行粗体代码为前提。这个

---

⑥ 例子中的cURL是一个支持windows、unix、类unix操作系统的开源URL命令行传输工具。http://curl.haxx.se。——译者注

⑦ 最后的":"是进行Basic认证时的分隔符，并不包含在API键值内。

---

⑧ http://rubygems.org/gems/stripe

处理是将面向 Stripe 的 gem 置于可使用的状态，设定用于认证的 API key（用于测试的非公开密钥）和连接目的地的 URL。另外，在使用 Ruby 确认 WebPay 的 API 的运行时，利用 irb [9] 会比较方便。

 ## 支付手续费

第 2 章也曾经提到过，WebPay 的支付手续费是支付金额的 3.4% ＋ 30 日元。由于没有月固定费和初始费用，这个价格可以说已经能让人在已开发的服务中轻松实现支付了。

在 Web 服务中实现 WebPay 支付

下文中将会以购买本杂志原版为例，说明如何实现实际的支付。

 ## Webpay 的对象群

WebPay 为了实现信用卡支付和外围处理，准备了各种各样的对象（Object）。

WebPay 的 API 对所有请求的响应都是返回 JSON（JavaScript Object Notation）结构的数据。这些数据包含以下几个种类 [10]。

- Charge（支付）
  存放已实现支付的金额、使用的信用卡、支付状态等信息的对象
- Customer（顾客）
  存放信用卡信息、邮箱地址的顾客信息的对象
- Token（替代性令牌）
  和信用卡信息等价处理的对象
- Event（事件）
  存放与各个对象相关的创建、失败等事件信息的对象

---

[9] irb 就是 Interactive Ruby 的缩写，交互式 Ruby 是非常好的命令行工具。将命令和表达式键入 irb 后，它会立刻执行。你可以将其看作是一个实时 Ruby 解释器。——译者注

[10] 另外还有几个对象，但因为和本次说明的内容没有关系就省略了。

所有的对象都会分配到一个唯一 ID，例如 Charge 是 ch_7Khbvs5fH3q9cZN、Customer 是 cus_7Kh5i0dVB6rj0Wn。只要知道这个 ID，任何时候能提取信息。

 ## 创建 Charge

首先说明的是对信用卡执行单一支付的方法，仍使用前面提到的这个例子。

```
new_charge = Stripe::Charge.create(
    amount: 1554,
    currency: "jpy",
    description: "购买WEB+DB PRESS",
    card: {
        number: "4242-4242-4242-4242",
        exp_month: "11",
        exp_year: "2014",
        cvc: "123",
        name: "KENGO HAMASAKI"
    }
)
```

执行上述命令后，就会对指定的信用卡执行 1554 日元的支付。这个"创建 Charge 对象"的处理，意义等同于"使用信用卡进行支付"。仅通过这个处理就完成了一次信用卡的支付，非常简单。

如果这个操作正确完成，Charge 对象就会被存入变量 new_charge 中，能够像下面这样，

```
new_charge.paid #=> true
```

用 paid 方法得到支付的状态。状态如果是 true，可据此判断支付完成，进到下面的提供服务或者发送商品的环节。

如果 paid 方法的返回值是 false 或者执行中发生了异常，就代表某种原因导致了支付失败，需要进行后续处理。异常的原因记载于响应中，可以根据记载的信息进行处理。关于异常的信息归纳与 WebPay 的 API 文档中 [11]。

创建 Customer

顾客的信息也可以存放在 WebPay 中。和

---

[11] https://webpay.jp/docs/api/stripe-ruby#errors

Charge一样，在Customer对象中添加信息并创建，顾客信息就可以保存在WebPay中。

```
new_customer = Stripe::Customer.create(
    email: 'hmsk@webpay.jp',
    description: "HAMASAKI",
    card: {
        number: "4242-4242-4242-4242",
        exp_month: "11",
        exp_year: "2014",
        cvc: "123",
        name: "KENGO HAMASAKI"
    }
)
```

像这样存放好的顾客信息在创建Charge时候还可以重复使用。保有在创建对象时得到的ID（cus_7Kh5i0dVB6rj0Wn），就能随时获取顾客的信息。在上述代码执行后，采用如下方式即可获取ID。

```
new_customer.id #=> "cus_7Kh5i0dVB6rj0Wn"
```

 ### 对 Customer 创建 Charge

对前面创建的Customer创建Charge时，通过下面这种方式制定Customer的ID而非信用卡信息，即可实现信用卡支付。

```
Stripe::Charge.create(
    amount: 1554,
    currency: "jpy",
    description: "采购WEB+DB PRESS",
    customer: "cus_7Kh5i0dVB6rj0Wn"
)
```

一旦在WebPay中保存了信用卡信息，就没必要再重新添加，因此不必向用户索取信息，也不会将信息存放在Web服务的数据库中。

Customer对象中有email和description等属性，在这里放置用户的邮箱地址和Web服务网站的ID，这些信息有助于信息的统计和确认。

通过创建Charge实现信用卡支付，掌握上述这些内容就足够了。

 ### Web 界面

前面提到的操作都是通过Ruby的程序运行的，不过由于WebPay也准备了全部的Web界面，

所以也可以从浏览器手动进行相同的处理。

除了与开发完成的Web服务和应用程序的运行同步执行支付的可编程操作以外，Customer信息编辑等手动输入操作也比较多，因此建议在开发计划上，先实现支付必要的部分，发布后再根据需要实现其他程序。

 ### 使用 Token

就像第3章描述的那样，为了让开发中的服务不在网络上传输信用卡信息，WebPay准备了Token对象（替代性令牌）。

```
Stripe::Token.create(
    card: {
        number: "4242-4242-4242-4242",
        exp_month: "11",
        exp_year: "2014",
        cvc: "123",
        name: "KENGO HAMASAKI"
    }
)
```

在Web应用程序上进行支付的时候，Token可以发挥很大的作用。使用WebPay的JavaScript库，从浏览器直接向WebPay传递信用卡信息，获取与之绑定的Token，然后在自己的服务中使用这个Token，从服务器端向WebPay发送请求，就可以处理信用卡信息了（图1）。为了在JavaScript代码中可以明文加载，这时使用的API key为公开密钥。公开密钥只能用于Token的创建和获取。

代码清单1除了这个数据库以外，为了DOM（Document Object Model，文档对象模式）的操作能够以简便的代码进行，使用了jQuery[12]。处理的流程如下所示。

❶ 根据form表单中输入的信用卡信息创建 Token

❷ 将信用卡信息从form表单中删除

❸ 将创建好的Token ID作为输入参数添加进form表单

❹ 将form表单的内容传递到服务的服务器端

---

[12] http://jquery.com/

▼ 图1　信用卡信息和替代性令牌的传递路径

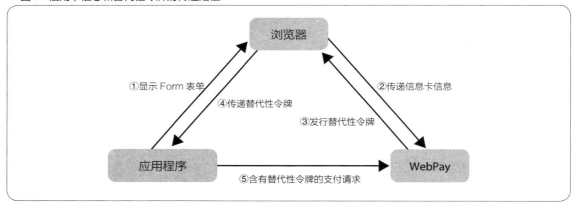

代码清单1仅仅是 JavaScript 的部分，整体情况请到支持页面下载源代码。

然后就是从 form 表单中将 Token 的 ID 作为信用卡参数传递给服务的服务器端，创建 charge 对象，就可以和传递信用卡信息时一样进行支付处理了。

```
Stripe::Charge.create(
    amount: 1554,
    currency: "jpy",
    description: "购买WEB+DB PRESS ",
    card: "在这里插入Token ID"
)
```

◉ 服务器端和客户端的Token

通过 JavaScript 进行的 Token 创建仅在用户浏览器和 WebPay 之间完成，因此 Web 服务的提供者完全没有必要接触信用卡信息，可以说是客户端的 Token 处理。另外，在创建 Customer 对象时，将这里获得的 Token ID 当成信用卡参数传递的话，即使不知道信用卡卡号也可进行多次支付，因此也实现了服务器端的 Token 处理。

这两种 Token 在处理信用卡信息时使用的话，就可以将第 3 章说明的引起信息泄漏的 3 大途径"保存""处理""传递"全部规避掉，把 Web 服务的 PCI DSS 合规项目数控制在 13 个以内。

▼ 代码清单1　通过 JavaScript 创建 Token 并传输表单（list1.js）

```javascript
WebPay.setPublishableKey(
  "test_public_62W08o3YN0mj5T88953A34mZ");
var webpayResponseHandler = function(status, response) {
  var form = $("#payment-form");
  if (response.error) {
    // 根据需要进行错误处理
    form.find("button").prop("disabled", false);
    console.log(response);
  } else {
    // 将不传输的信息从 form 表单中删除
    $(".card-number").removeAttr("name");          ─┐
    $(".card-cvc").removeAttr("name");              ─┼─❷
    $(".card-expiry-year").removeAttr("name");      ─┘

    var token = response.id;

    var input = document.createElement("input");   ─┐
    input.type = "hidden";                          ─┼─❸
    input.value = token;                            ─┘
    $(input).appendTo(form);
    form.get(0).submit();        ─❹
  }
};

jQuery(function($) {
  $("#payment-form").submit(function(e) {
    var form = $(this);
    form.find("button").prop("disabled", true);
    WebPay.createToken({
      number: form.find(".card-number").val(),
      name: form.find(".card-name").val(),
      cvc: form.find(".card-cvc").val(),           ─❶
      exp_month: form.find(".expiry-month").val(),
      exp_year: "20" + form.find(".expiry-year").val()
    }, webpayResponseHandler);
    e.preventDefault();
  });
});
```

▼ 代码清单2 接收 WebHooks 请求的终端程序示例

```ruby
require "sinatra"
require "stripe"

Stripe.api_key  = "test_secret_7u7fWx6xObdffBLbr8eJL1lL"
Stripe.api_base = "https://api.webpay.jp"

post '/webpay-webhooks' do
  data = JSON.parse(request.body.read, symbolize_names: true)
  # 从eventID获得详细信息
  event = Stripe::Event.retrieve(data[:id])
  if event.type == 'charge.succeeded'
    if data.object.paid #=> 支付是否完成
      # 在这里进行使用电子邮件通知支付完成的处理
    else
      # 在这里执行支付失败处理
    end
  end
end
```

使用 WebHooks[13]

在发生支付或者请求支付失败等，钩住（hook）各个事件（event）想要进行某个处理的时候，WebHooks 就可以派上用场了。WebHooks 是在服务上出了什么事情的时候，通过监听 HTTP 请求等得知事情并将其告知的机制，在 GitHub[14] 中也提供这个功能。

除了查询和 Token 操作，在 WebPay 对象中发生的几乎所有的事件都记录在 Event 对象中，这些事件在任何时候都可以获取。在 WebHooks 的请求中创建这个 Event 对象也会成为一切事务的触发器，在创建 Event 对象时将包含 JSON 结构的请求 POST 到指定的 URL 中。

在 WebPay 的设置界面[15]上能设置发生 Event 时候接受通知的 URL。

● 从 WebHooks 中获取 Event

请想象一下对客户请求支付的时候，通过电子邮件通知信息的场景。

代码清单 2 是假定的使用 Sinatra[16] 的 Web 应用程序。将 http://www.example.com/webpay-webhooks 注册到 WebPay 上，WebPay 上发生任何 event 都会执行清单中的代码。

总 结

本章介绍了使用 WebPay 实现支付的方法，并结合 Ruby 示例程序说明了为轻松实现支付而事先准备好的对象的操作。本章没有介绍的事项都记载于 API 文档，请感兴趣的读者自行参考[17]。

⑬ Webhooks 可以描述为 user-defined HTTP callbacks，即用户自定义 http 回叫。描述很复杂，其实机制很简单。一般的 Web 服务器端，只能是用户来一个请求就响应一下，问题是有时候不一定是来自用户的请求，而是来自其他服务器的，这时就可以使用 WebHooks 机制。对方的服务器给出一个信息，用 URL 呼叫到你的服务器上，你的服务器上的 WebHooks 就听到了，再做一个相应的动作。该机制甚至可以理解成是一种跨越互联网执行任务调配的标准模式。目前，国内好像很少有关于 WebHooks 的介绍资料，有兴趣的读者请自行参考 www.sinatrarb.com。——译者注

⑭ https://github.com/

⑮ https://webpay.jp/settings/ ，需要注册用户后登录。

⑯ http://www.sinatrarb.com/

⑰ https://webpay.jp/docs/api/stripe-ruby

## 第 6 章

实现 iOS/Android 应用内支付

In-App Purchase 和 Google Play In-app Billing

文/曾川景介　SOGAWA Keisuke
WebPay 股份有限公司

mail ▶ keisuke.sogawa@gmail.com
GitHub ▶ sowawa
Twitter ▶ sowawa

滨崎健吾　HAMASAKI Kengo
WebPay 股份有限公司

URL ▶ http://hmsk.me/
mail ▶ k.hamasaki@gmail.com
GitHub ▶ hmsk
Twitter ▶ @hmsk

译/成勇　审读/张荣晋

iOS/Android 平台上的支付

向 iOS 和 Android 平台提供服务时，要么就是开发基于各自平台的应用，要么就是开发基于浏览器的 Web 应用程序。后者几乎和使用 PC 浏览器的程序是一样的，前者则必须遵循各平台的规则和手续。

如果是销售应用程序本身，那么在发布应用程序时指定其价格就可以了。但是在应用程序内实现支付的话，就必须在各平台的规则下注册商品和实现应用。本章将要说明的就是在 iOS 和 Android 应用程序中实现支付的方法。

首先，我们来看看在两个平台中相同的事项。

统一的界面

如果使用的是由平台提供的支付功能，那么几乎所有与支付相关的处理都不需要自行开发。应用程序中从开始购买到完成支付都可以直接使用平台现有的功能。虽然无法自己实现信用卡卡号的输入界面等，但是平台上所有界面都是统一的，所以用户的学习成本也很低。与每个应用都实现不同的支付界面相比，每次进行同样的操作使用户在操作途中退出的可能性被大大降低了（图1）。

对应多个国家地区及多种货币

不管是哪个平台，都支持在多个国家的支付和多种货币支付。使用日本国内的第三方支付服务时很多都是限定日元，实现外币结算的

门槛并不低。虽说也会受到目标用户的影响，但一般来说，能对应的国家和币种增加的话，支付机会也会增加吧。

应用内支付的限制

不管是这两个平台中的哪一个，进行应用内支付时，除现有平台提供的支付机制以外都不允许实现其他的支付方法。违反这条限制的应用程序，如果是 Android 的应用，将从 GooglePlay 中删除，如果是 iOS 的应用，连发布前的审查都很难通过。

不过，可以使用现有平台支付机制（也只能用它）的销售物品仅限于数字内容（平台不同，表现形式多少也会有些不同）。像亚马逊等销售实际商品的应用就不在这个范围内，因此可以实现独有的支付机制。

▼ 图1　iOS 和 Android 的支付界面

至于哪些属于数字内容，苹果以什么样的东西该如何销售为例在使用手册[1]中进行了公开说明。Google 也在开发方针[2]中提及了这个问题。

支付的手续费

使用平台支付机制的时候也会被扣除手续费。截至笔者执笔的时候，在 iOS[3]、Android[4]中手续费是30%，剩余的70%会给 Web 服务提供者。

考虑到前面提到的统一界面、对应多国家和币种这些优点，这也许是个比较合适的价格，但是和信用卡支付的第三方支付服务相比，这个价格就略高了。

如果面向浏览器的 Web 应用程序也提供了同样的 Web 服务，那么手续费和 iOS、Android 应用中手续费的差异，会让人在设置服务的价格时十分头疼。现在，既有考虑到用户的平等而提供价格相同的 Web 服务的情况，也有在 iOS 和 Android 应用中加上手续费，设置成高价格的 Web 服务的情况。

在iOS中实现支付的步骤

接下来，我们说明实现应用内支付的步骤。首先说明 iOS 平台上的情况。

In-App Purchase

iOS 平台提供的支付机制是 In-App Purchase[5]。在该机制中，能够针对购买的物品或添加的功

能向用户要求支付。而且，该机制对于 Mac 的 OS X 也是可行的。

准备商品

首先要准备销售的商品。在 In-App Purchase 中，添加的功能或消耗类物品等可以销售的商品统称为产品（Product）。这些产品需要事先注册。

◉ 注册产品要做的准备

要想注册产品，首先要注册 iOS Developer Program[6]。

然后准备使用苹果公司提供的沙盒环境。沙盒环境是由苹果公司提供的，在通过应用程序审查前也可确认 In-App Purchase 运行状态的测试环境。要想使用沙盒环境，还需要注册接收应用销售额的银行账户和必要的纳税信息。登录 iTunes Connect[7] 后在跳出的页面中点击 "Contracts, Tax, and Banking" 链接即可注册。

接着是注册在沙盒环境中能够使用的测试用户。这个也在 iTunes Connect 登录后的页面中点击 Manage Users 链接注册。

最后是注册应用程序，产品是以挂靠应用程序的形式管理的，因此注册产品前必须注册应用程序。在 iTunes Connect 登录后的页面中点击 Manage Your Apps 链接即可进行注册。

◉ 注册产品

在刚才注册的应用程序的管理界面中点击 Manage In-App Purchases 按钮，即可进入产品注册界面注册产品。

在产品注册界面上，首先要选择产品的类型。商品类型分为以下5种。

- Consumable
  消费类产品。是用户需要购买才能下载的东西。例如钓鱼游戏中只能使用一次的鱼饵道具

① https://developer.apple.com/in-app-purchase/In-App-Purchase-Guidelines.pdf

② http://play.google.com/about/developer-content-policy.html

③ https://developer.apple.com/in-app-purchase/In-App-Purchase-Guidelines.pdf

④ https://support.google.com/googleplay/androiddeveloper/answer/1153481

⑤ https://developer.apple.com/in-app-purchase/

⑥ https://developer.apple.com/cn/programs/ios/

⑦ https://itunesconnect.apple.com/

- Non-Consumable

  非消费类产品。用户只需要购买一次就可永久使用的东西。例如在赛车游戏中的新的跑道这种使用了也不会消失的东西

- Auto-Renewable Subscription

  自动更新订阅。报纸、杂志的订阅等，用户在订阅期间内可使用更新的动态内容，只要用户不删除，就会自动更新的产品

- Free Subscrption

  订阅。能免费订阅的内容。针对Newsstand（报刊亭）[8]使用

- Non-Renewing Subscription

  非自动更新订阅。在时间限制的服务中使用，开发者需要进行时间管理

选择了产品类型后，输入产品ID（例如：com.example.sampleapp.productid）、产品名称和价格，还要上传用于Review（审查）的图片。

在产品注册中，要注意有一些不允许在In-App Purchase内出售的产品。包括实物商品或者实际服务，应用中的货币（代表中介货币、导致用户无法识别所购买的产品或服务的物品），污蔑诽谤相关的物品，色情、赌博相关的物品。实物的销售和出租车派车服务等在终端以外进行消费的服务不属于In-App Purchase的范围，因此需要另行准备支付手段[9]。

下面我们就尝试在In-App Purchase中实现支付，请先注册Consumable消费类产品，并准备一个产品ID。

在In-App Purchase中实现支付的示例

在产品注册完成后，我们就要进入实现阶段了。从这里开始，会基于笔者准备的Sample项目[10]进行说明。Sample项目仅仅是为了理解

---

[8] 在iOS中能阅读报纸、杂志等内容的应用程序。

[9] 这种情况请使用WebPay这样的第三方支付服务来实现支付。

[10] https://github.com/webpay/webdbpress76/tree/master/chapter6/ios

In-App Purchase流程而准备的，所以没有考虑按钮和列表等GUI操作，是个最简单的结构。

● StoreKit框架

In-App Purchase是使用StoreKit框架[11]实现的。在Sample项目中已经引用，从头开始创建项目的话，请在引用库中添加"StoreKit.framework"。

● 实现的过程

在Sample项目中进行的处理大致可分成下面4个步骤。

❶ 注册NotificationCenter
❷ 获取在iTunes Connect中注册的产品信息
❸ 进行产品的购买处理
❹ 处理购买产品后的状态变化

追踪一下Sample项目的购买处理过程。为了追踪这个过程，我们将必要的部分提取出来，放在代码清单1至代码清单3中。

● 注册NotificationCenter

首先，启动应用程序后在SIAPViewController的viewDidLoad中注册NotificationCenter（代码清单1-❶）。这样做是为了在ViewController中接收到从Observer发来的购买成功／失败的通知。Observer监视着In-App Purchase的支付处理状态。

● 获取产品信息

在viewDidLoad中调用requireProductRequest（代码清单1-❸），以便能直接获取产品信息。在requireProductRequest中，指定在iTunes Connect中注册好的商品ID，并进行SKProductsRequest初始化。示例中在SIAPViewController中实现的是SKProductsRequestDelegate协议，将

---

[11] http://developer.apple.com/library/ios/#documentation/StoreKit/Reference/StoreKit_Collection/_index.html

▼ 代码清单 1　调用 In-App Purchase 的 ViewController（SIAPViewController.m）

```objc
（省略）
@implementation SIAPViewController
- (void)viewDidLoad
{
    [super viewDidLoad];
    // 注册 Notification
    NSNotificationCenter *notificationCenter =
    [NSNotificationCenter defaultCenter];
    [notificationCenter addObserver:self
                    selector:@selector(paymentSucceeded:)
                        name:@"TransactionSucceeded"
                      object:nil];                           ❶
    [notificationCenter addObserver:self
                    selector:@selector(paymentFailed:)
                        name:@"TransactionFailed"
                      object:nil];

    // 获取产品信息
    [self requireProductRequest];
}
// 接收成功时的 Notification
- (void)paymentSucceeded:(NSNotification *)notification {
    SKPaymentTransaction *transaction = [notification object];
    UIAlertView *alert =
        [[UIAlertView alloc]
            initWithTitle:@"支付成功"
                  message:[NSString stringWithFormat:
                    @"产品：%@",
                    transaction.payment.productIdentifier]
                 delegate:self
        cancelButtonTitle:@"OK"
        otherButtonTitles:nil];           ❷

    // 实际的应用中
    // 在这里激活功能或显示内容

    [alert show];
}
（省略）
```

```objc
// 获取产品信息
- (void)requireProductRequest {
    // 指定 iTunes Connect 中注册的产品 ID
    // 如果是多个产品，就列举多个 ID
    NSSet *productIds =
        [NSSet setWithObjects:
            @"com.sowawa.SampleInAppPurchase.consume1", nil];
    SKProductsRequest *productRequest;                        ❸
    productRequest =
        [[SKProductsRequest alloc]
            initWithProductIdentifiers:productIds];
    productRequest.delegate = self;
    [productRequest start];
}
// SKProductsRequstDelegate 协议必需的方法
- (void)productsRequest:(SKProductsRequest *)request
    didReceiveResponse:(SKProductsResponse *)response {
    for (NSString *invalidProductIdentifier in
        response.invalidProductIdentifiers) {
        // Invalid 的产品时会输出日志
        // 现在的函数名：产品 ID
        NSLog(@"%s: %@",
            __PRETTY_FUNCTION__, invalidProductIdentifier);
        return;                                               ❹
    }
    // 在这里向用户显示产品信息
    // 因为这是示例程序，所以直接进入支付
    // 创建 SKPayment，放入 SKPaymentQueue 队列
    SKPayment *payment =
        [SKPayment paymentWithProduct:
            [response.products objectAtIndex:0]];            ❺
    [[SKPaymentQueue defaultQueue] addPayment:payment];
}
（省略）
@end
```

SKProductsRequest 的属性 delegate 设置成 self。对已经设置好参数的 SKProductsRequest 调用 Start 后，StoreKit 框架就开始和 App Store 通信了。

在获取了产品信息后，由于 delegate 注册的是 self，因此 SIAPViewController 的 productsRequest 被调用出来（代码清单 1-❹）。在 productsRequest 中进行响应检查。如果产品 ID 为 Invalid，在日志中输出异常信息。成功获取商品的话，这里应该会显示用户选择产品的界面，不过因为是示例代码，所以就直接进行了购买处理。

● 购买处理

购买处理生成 SKPayment，并将其加入 SKPayment Queue 队列中。SKPayment 是通过将参数赋予获取的产品来生成的（代码清单 1-❺）

如果 iTunes Connect 中的准备正确的话，这里只需要正确设置好产品 ID，就能按照图 1 中的左图那样弹出 StoreKit 准备的对话框。这时，会被要求输入 Apple ID，不过这里我们要输入的是在 iTunes Connect 注册的测试用户。输入正确的话会弹出购买完成的对话框。

购买完成的对话框是在 SIAPViewController 内启动时在注册于 notificationCenter 的 paymentSucceeded 方法中制作的（代码清单 1-❷）。实际的应用程序中，这里进行的处理应该是激活功能或放出物品，但是在示例代码中，我们就直接用对话框通知用户购买正常完成了。

● 购买状态的变更处理

获取已注册产品的处理和产品购买的处理

是 StoreKit 框架和 AppStore 之间进行通信处理，所以是个异步操作。对于这里出现的 Delegate 和 Observer，刚开始接触的人可能难以理解，但是先不要想这么多，按照 Sample 一步步执行来确认即可。为了获取异步处理的购买状态，在 SIAPAppDelegate 中用 addTransactionObserver 方法把 SIAPTransactionObserver（代码清单 2）注册到 StoreKit 的 Queue 队列中（代码清单 3-❶）。

一旦购买处理状态发生了变化，就调用 SIAPTransactionObserver。通过 transactionState 获取事务的状态，按照返回值分别进行处理。创建 Notification，通知 SIAPViewController 处理已完成。

 定期订阅

利用 Auto-Renewable Subscription 产品可以实现定期订阅（Subscription）。和 Consumable 消费类产品的购买相比，这类产品的购买稍微复杂一些。不过在 iTunes Connect 注册产品时，选择 Auto-Renewable Subscription 的话，在获取产品信息和购买上和 Consumable 消费类产品的实现是同样的。这里就不再赘述了，仅说明一下它和 Consumable 消费类产品的不同点。

在实现 Auto-Renewable Subscription 产品购买的时候，需要验证名为 receipt 的数据，以确认有效期。在产品管理界面能获取验证 receipt 所必需的公共密钥，使用公共密钥和 receipt 来验证有效期。因为 Auto-Renewable Subscription 产品的订阅中止是在 App Store 上执行的，应用本身无法确认产品超出有效期，所以必须在应用程序内进行有效期验证处理。

另外，如果在应用程序中没有订阅中止的处理，那么需要在程序中通知用户订阅中止的方法。

在 Android 中实现支付的步骤

下面将要讲解的是在 Android 应用程序中实现支付的步骤。

▼ 代码清单2　处理 In-App Purchase 处理状态的 Observer（SIAPTransactionObserver.m）

```
（省略）
@implementation SIAPTransactionObserver
// 获取单实例的方法
+ (id)sharedObject {
    @synchronized(self) {
        if (_sharedObject == nil) {
            _sharedObject = [[self alloc] init];
        }
    }
    return _sharedObject;
}
// SKPaymentTransactionObserver必需的方法
- (void)paymentQueue:(SKPaymentQueue *)queue
updatedTransactions:(NSArray *)transactions {
    for (SKPaymentTransaction *transaction in transactions) {
    switch (transaction.transactionState) {
        case SKPaymentTransactionStateFailed:
            [[NSNotificationCenter defaultCenter]
            postNotificationName:@"TransactionFailed"
                            object:transaction];
            [[SKPaymentQueue defaultQueue]
                finishTransaction:transaction];
            break;

        case SKPaymentTransactionStatePurchased:
            [[NSNotificationCenter defaultCenter]
            postNotificationName:@"TransactionSucceeded"
                            object:transaction];
            [[SKPaymentQueue defaultQueue]
                finishTransaction:transaction];
            break;

        default:
            break;
        }
    }
}
@end
```

▼ 代码清单3　在应用程序中注册 Observer（SIAPAppDelegate.m）

```
（省略）
@implementation SIAPAppDelegate
（省略）
- (BOOL)application:(UIApplication *)application
didFinishLaunchingWithOptions:(NSDictionary *)launchOptions {
    // 注册 transactionObserver
    SIAPTransactionObserver *observer =
        [SIAPTransactionObserver sharedObject];
    [[SKPaymentQueue defaultQueue]
        addTransactionObserver:observer];        ❶
    return YES;
}
（省略）
@end
```

In-app Billing

Android 平台提供的支付机制是 Google Play In-app Billing[12]。

Google Play 是面向 Android 终端提供应用程序、电影、音乐、书籍的推送服务，这个客户端程序基本上安装到了所有的 Android 终端中。Android 应用程序中的支付，就是通过这个 Google Play 应用程序和要实现支付的应用程序之间进行交互实现的。虽然严格说来，与支付相关的信用卡信息等是与另外的 Google Checkout、Google Wallet 等其他服务一起实现的，但是支付的话，用户仅在 Google Play 的界面上进行对话就能完成了。

另外，Google Play 不仅支持信用卡支付，也能使用第 1 章中提到的手机运营商支付。因此，用户也可以选择信用卡支付以外的、不必专门去实现的支付方法，即和手机费一起支付 (图 2)。

下面结合 Android SDK 中的 In-app Billing 示例代码，说明使用 In-app Billing 的实现方法。实现的应用程序已经发布在 Google Play 上[13]，各位可以尝试在实际机器上运行确认。

另外，本文的前提是已经作为开发者注册到 Google Play 上，因此还没有账号的读者请先在 Google Play Developer Console[14] 中注册。

准备商品

和 iOS 同样，Android 中的实现也需要事先在 Google Play 中注册商品。在 Android 中添加的功能或销售的商品统称为物品 (Item) 或者应用内物品。

创建物品需要以下面这些事项为前提：将后面会说明的含有权限的应用文件 (APK 文件) 上传到 Google Play Developer Console，输入应用的信息，以及将销售者的信息登录到 google 上。

---

[12] http://developer.android.com/google/play/billing/index.html

[13] https://play.google.com/store/apps/details?id=co.hmsk. android.webdbpress76

[14] https://play.google.com/apps/publish/v2/

● 在 Manifest[15] 中添加权限

添加使用 billing 功能的权限 (Permission) 是必需的，否则 Google Play 客户端就会拒绝支付。

在项目中的 AndroidManifest.xml 文件中注册以下内容。

```
<uses-permission android:name="com.android.vending.BILLING" />
```

拥有权限这件事也会通知给用户，也就是说，能够进行支付是个公开的信息。请慎重判断添加这个权限的时机。

● 设置销售账户

除了添加权限，还需要在 Google 上注册联络方式、财务信息以向大众公开的联络信息。

注册是通过浏览器在 Google Play 的 Developer Console[16] 中操作的。

在 Developer Console 中选择了要操作的应用后，在左侧的菜单中选择 "应用内 item"，通过 "设置销售账户" 的超链接来设置账户。

---

[15] Manifest 实际上就是 AndroidManifest.xml，是安卓程序的全局配置文件。——译者注

[16] https://play.google.com/apps/publish/

▼ 图2　手机运营商支付方法的选项

◉ **在Google Play上创建物品**

至此，我们就可以通过Developer Console创建物品了。

物品的种类有以下三种。

- **作为管理对象的商品**

  在Google Play上保存购买信息的商品。用户只需要购买一次，就永久开放功能的商品

- **管理对象以外的商品**

  在Google Play上不保存购买信息的商品。用户能够买多次，适用于消费类商品

- **定期购买的商品**

  以一定周期自动请求付款的商品。是否加入了定期购买的状态由Google Play来维护

在输入了类型和与商品唯一匹配的服务ID后，将商品说明和价格等信息保存即可激活商品状态，这时就可以按设置的信息进行支付了。

◉ **获取许可证密钥**

在应用程序内进行支付时，需要按许可证密钥进行认证。在Developer Console中先选中相应的应用程序，然后在左侧的菜单中选择"服务和API"后，就会显示许可证密钥。请注意这里的许可证密钥信息是在代码中使用的。

 In-app Billing 的实现示例

◉ **添加库**

从这里开始，我们将要接触程序的代码⑰了。

实现支付需要属于Android SDK的IInApp-BillingService.aidl文件。该文件保存在下面的目录中。

[SDK的目录]/extras/google/play_billing/in-app-billing-v03/
IInAppBillingService.aidl

---

⑰ https://github.com/webpay/webdbpress76/tree/master/chapter6/android

把这个文件作为src.com.android.vending.billing包复制到应用项目中。一旦编译应用，就会生成相应的IInAppBillingService.java，该文件带有支付执行代码的类。

然后，复制示例应用的工具类，示例程序使用了Google提供的In-AppBilling API版本3。这个工具类可以让我们轻松使用上面加入的库的操作，也是Android SDK的附属，保存在下面的目录中。

[SDK 的 目 录]/extras/google/play_billing/in-app-billing-v03/samples/TrivialDrive/src/com/example/android/
trivialdrivesample/util/

将它作为com.example.android.trivialdrivesample.util包复制到应用项目中。如果有必要的话，这些包的名字也可以变更。

◉ **实现支付**

使用In-app Billing 的支付，首先是从执行支付的Activity事件中发起支付请求。这样，Google Play的客户端启动，一直到支付完成或者支付中断后，就将调用事件的onActivityResult方法。这个方式和一般应用程序中，使用startActivityForResult从一个事件调用另外一个事件，完成后再回到原处的做法是相同的。

In-app Billing 的API是版本3，所以说API已经是第3代了，以前需要复杂的处理，但现在已经变得非常简洁了。

实现支付的范例代码如代码清单4所示。这个代码，在加入许可证密钥和Google Play上注册的服务ID的基础上，再加入发生某个事件时调用requestBilling()方法的代码，就能进行支付了。

下面我们按照处理执行的顺序说明一下代码中的重点。

❶ 执行支付前进行IabHelper的初始化

❷ 执行IabHelper的queryInventoryAsync方法获得已经购买完成的物品，获取购买信息后执行作为参数传递的mGotInventoryListener

▼ 代码清单4　执行支付的 Activity 时间（ PaymentActivity.java ）

```java
（省略）
public class PaymentActivity extends Activity {

  private static final String
    SKU_PREMIUM = "[商品的服务 ID]";
  private static final String
    SKU_SUBSCRIBE = "[定期订阅的服务 ID]";
  private static final int
    REQUEST_CODE_PURCHASE_PREMIUM = 826;
  private static final String
    BILLING_PUBLIC_KEY = "[获得的许可证密钥]"
  private IabHelper mBillingHelper;

  @Override
  protected void onCreate(Bundle savedInstanceState) {
    super.onCreate(savedInstanceState);
    setContentView(R.layout.activity_payment);
    mBillingHelper = new IabHelper(this, BILLING_PUBLIC_KEY);
    mBillingHelper.startSetup(
      new IabHelper.OnIabSetupFinishedListener() {
        public void onIabSetupFinished(IabResult result) {
          if (result.isFailure()) return;
          mBillingHelper.queryInventoryAsync(
            mGotInventoryListener           ❷
          );
        }
      }
    );                                        ❶
    （省略）
  }
（省略）
  @Override
  protected void onActivityResult(
    int requestCode,
    int resultCode,
    Intent data
  ) {
    if (!mBillingHelper.handleActivityResult(
      requestCode,
      resultCode,
      data
    )) {                                      ❹
      super.onActivityResult(requestCode, resultCode, data);
    }
  }

  @Override
  protected void onDestroy() {
    super.onDestroy();
    if (mBillingHelper != null) mBillingHelper.dispose();   ❻
    mBillingHelper = null;
  }

  private IabHelper.QueryInventoryFinishedListener
    mGotInventoryListener =
      new IabHelper.QueryInventoryFinishedListener() {
        public void onQueryInventoryFinished(
          IabResult result,
          Inventory inventory
        ) {
          if (inventory.hasPurchase(SKU_PREMIUM)) {
            // 能确认购买完成的状态时
          }
          else {
            // 能确认没有购买的状态时
          }
```

```java
          if (inventory.hasPurchase(SKU_SUBSCRIBE)) {
            // 能确认已经添加了定期订阅的状态时
          }
          else {
            // 能确认没有添加定期订阅的状态时
          }
        }
      };

  private IabHelper.OnIabPurchaseFinishedListener
    mPurchaseFinishedListener =
      new IabHelper.OnIabPurchaseFinishedListener() {
        public void onIabPurchaseFinished(
          IabResult result,
          Purchase purchase
        ) {
          if (purchase.getSku().equals(SKU_PREMIUM)) {       ❺
            // 购买完成时
          }
          if (purchase.getSku().equals(SKU_SUBSCRIBE)) {
            // 开始定期订阅时
          }
        }
      };

  // 购买时执行
  private void requestBilling() {
    mBillingHelper.launchPurchaseFlow(
      this,
      SKU_PREMIUM,                          ❸
      REQUEST_CODE_PURCHASE_PREMIUM,
      mPurchaseFinishedListener
    );
  }

  // 开始定期订阅时执行
  private void requestSubscriptionBilling() {
    if (mBillingHelper.subscriptionsSupported()) {
      mBillingHelper.launchSubscriptionPurchaseFlow(
        this,
        SKU_SUBSCRIBE,
        REQUEST_CODE_PURCHASE_PREMIUM,
        mPurchaseFinishedListener
      );
    }
  }

  // 定期订阅取消时执行
  private void cancelSubscription() {
    startActivity(
      new Intent(
        Intent.ACTION_VIEW,
        Uri.parse(
          "market://details?id=" + getPackageName()
        )
      )
    );
  }
}
```

❸ 向 IabHelper 的 launchPurchaseFlow 传递商品的服务 ID、❹ 中进行处理时得到的唯一请求代码、支付处理后需要执行的 mPurchaseFinishedListener 的话，就可以向 Google Play 客户端发送需要的信息，向用户弹出支付界面

❹ 准备支付处理完成后将会调用的 onActivityResult，然后执行 IabHelper 的 handleActivityResult 方法

❺ 随着 handleActivityResult 方法的执行，❸ 中传递来的 mPurchaseFinishedListener 即被调用

❻ 应用程序退出的时候（onDestroy），进行 IabHelper 的退出处理

这里有一个需要注意的地方，那就是许可证密钥的处理。在上述代码中采用的是直接写入许可证密钥的写法，但是在信息安全上，并不建议直接在项目代码内或者文件内存放许可证密钥。请使用某种办法分割或转换为符号，实际使用时再恢复成原值进行处理。

虽然本次直接使用了示例程序中附属的工具类，但推荐各位阅读一下源代码，以便理解内部是如何运行的。

 定期订阅

定期订阅[18]（Subscription）的实现和普通的购买物品是同样，是通过创建物品，指定服务 ID 并发送请求来实现的。请参考代码清单 4 中关于 requestSubscriptionBilling() 的处理。

进行定期订阅时，由于并不是一次性支付完毕，所以还需要考虑取消订阅的界面。不过，在 Google Play 的客户端上也可以进行订阅取消的操作，所以只需要能够从应用程序上打开 Google Play 的详细页面就行了。通过代码清单 4 中 cancelSubscription() 内的处理，就可以跳转到 Google Play 上该应用程序的详细页面。

---

[18] 必须是 Android 2.2，Google Play 3.5 以上的版本才能实现。

特辑总结

虽然介绍得有些匆忙，但各位应该能够对实现信用卡支付的注意事项和实际的实现方法有一个大概的了解。如果这个特辑能够成为大家在自己开发的 Web 服务和应用程序中实现信用卡支付时的参考，将是笔者莫大的荣幸。

最后，十分感谢您的阅读。

延伸阅读

谈到支付，自然会想到安全。

Web 应用中，用户登录后执行的操作中有些处理一旦完成就无法撤销，我们将此类处理称为"关键处理"。像用户使用信用卡支付、从用户的银行账户转账、发送邮件、更改密码或邮箱地址等都是关键处理的典型案例。

关键处理中如果存在安全隐患，就会产生 CSRF 漏洞，此处简单介绍一下。

在执行关键处理前，需要确认该请求是否确实由用户自愿发起。如果忽略了这个确认步骤，就可能出现很大问题，比如用户只是浏览了恶意网站，浏览器就擅自执行关键处理等。

引发上述问题的安全隐患被称为跨站请求伪造（Cross-Site Request Forgeries，CSRF）漏洞，而针对 CSRF 漏洞进行的攻击就是 CSRF 攻击。

Web 应用存在 CSRF 漏洞时就可能会遭受如下攻击。

- 使用用户的账号购物
- 删除用户账号
- 使用用户的账号发布帖子
- 更改用户的密码或邮箱地址等

CSRF 漏洞造成的影响仅限于应用的关键处理被恶意使用，而像用户的个人信息等就无法通过 CSRF 攻击窃取。

因此，为了预防 CSRF 漏洞，就需要在执行关键处理前确认请求确实是由用户自愿发起的。

更多有关 Web 安全的内容请阅读《Web 应用安全权威指南》。

- 日本 Web 应用安全第一人权威力作
- OWASP 北京区负责人、51CTO 信息安全专家陈亮作序推荐
- 在虚拟机上亲自体验攻击流程
- 从原理到对策，网罗 Web 安全的方方面面

使用D3.js，易懂、丰富、轻松

"边做边学"

数据可视化

数据可视化是指将数据转变为人眼可以认知的形态。例如，在从大量的数据中提取重要的信息或希望将数据所隐藏的真相传达给观众时，就可以使用这种手段。本特辑将介绍如何使用Web技术进行数据可视化。通过使用D3.js这一JavaScript库，从导入开始，一步一步讲解如何将地理信息数据以及人际关系数据可视化。

ShareWis 股份有限公司
文/门胁恒平　　KADOWAKI Kohei
Twitter @kadoppe　**Mail** kadoppe@me.com　**URL** http://kadoppe.com
译/卫昊

第1章

数据可视化的基础知识

使用Web技术实现数据可视化

数据可视化及其背景

本特辑将讲解数据可视化的概要以及采用 Web 相关技术进行数据可视化的方法。本章首先讲解数据可视化的背景及过程。另外，也将介绍实现数据可视化的各种 Web 技术以及网络上的实际用例。

数据可视化到底是什么？为什么现在会备受瞩目？首先，让我们从它的背景开始了解。

 背景

近年来，伴随着网络的发展以及移动设备的增加，产生了大量 Web 站点的使用数据，例如电子商务网站中用户的购买历史等。另外，由于智能手机和 RFID（Radio Frequency Identification，射频识别）标签等移动设备的增加，位置信息等数据也在持续积累中。可以预测，数据的增加速度今后将会越来越快。

伴随着如此快速的数据增长，"大数据"这一关键词获取了很大的关注。顾名思义，大数据表示的是"巨大的数据"。图 1 是 Google Trends 中"大数据"一词的关注度变化表。可以看出，该词从 2011 年开始引起人们的关注，在 2012 年其受关注程度达到了峰值。

问题

许多企业和组织都希望可以有效利用这些大数据为他们的商业决策提供参考。可是，数据中存在的一些问题导致其很难在原本的形态下被有效利用。

■ 数据的巨大化

其中一个问题是数据量过于巨大。数据从几 KB、几 MB 的小数据到几 TB、几 PB 的巨大数据不等。数据量越是巨大，人们理解、分析、灵活利用其内容的难度就越大。

■ 格式的多元化

另一个问题是数据格式的多元化。除了关系数据库的结构化数据，还存在像日志、动画、图像这种没有定义明确结构的"非结构化数据"。计算机可以直接处理的数据格式对于人类来说却很难直接理解。另外，在需要同时处理各种形式的数据的情况下，数据的分析和使用也会变得十分困难。

▼ 图1 "大数据"一词关注度的变化

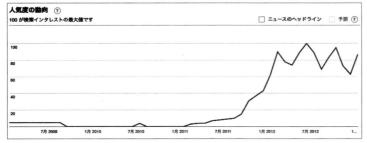

72

如上所述，数据量的巨大和数据格式的多元都会导致数据的分析、使用变得十分困难。那么，这个问题应该如何解决呢？

 作为解决方法的数据可视化

本特辑的主题"数据可视化"（Data Visualization）是指为了将数据以人类容易理解的形式在视觉上展示出来而进行的一系列程序。通过数据可视化将数据"形象化"，转换成在视觉上可理解的数据，就可以解决前面提到的数据分析难、使用难的问题。

读者朋友们可能并不十分熟悉数据可视化。可是，在大数据广受关注的背景下，随着浏览器表现能力的提升，可以预想的是，今后工程师们接触数据可视化各种相关主题的机会也将越来越多。

数据可视化的步骤

数据可视化需要经过几个步骤才能完成，具体步骤如下所示。

❶ 准备数据
❷ 确定目的
❸ 定义目标人群
❹ 进行可视化

按照这样的步骤，就可以制作出高质量的可视化数据信息图（以下简称为信息图）。下面，我们来看看各个步骤的具体内容。

 准备数据

实施数据可视化必须要有原始的数据。

原始数据可以用各种各样的方法来收集。既可以使用原本积累的数据进行可视化，也可以为了数据可视化重新开始积累新的数据。

为了处理起来更加轻松，可以对收集好的数据进行一些加工。例如，可以仅从数据中抽取出必要的内容（筛选），或者将数据转换成更易于可视化的格式。

 确定目的

然后便需要确定可视化要解决的问题，明确可视化的目的。进行数据可视化，数据和目的二者缺一不可，只有数据也是无法进行可视化的。

可视化的目的大体上可以划分为两类。

- 更清晰地传达已经明白的事情
- 理解尚不明确的事情

 定义目标人群

确定了需要解决的问题后，还需要明确定义可视化后的内容给谁看，即可视化的目标人群。目标人群若是发生了变化，最合适的可视化方法也将随之变化。确定目标人群时，值得参考的基准有如下几点。

- 对该数据相关领域的了解程度
- 观看信息图的目的

 制作信息图

在定义了"目的"和"目标人群"之后，就可以开始制作信息图了。

当可视化的目的是"更清晰地传达已经明白的事情"时，应该制作以向目标人群公开、宣传信息为目的的信息图。有时还需要在信息图中加入设计元素。

当可视化的目的是"理解尚不明确的事情"时，在得出有意义的结论前，需要多次进行信息图的制作和分析。这种情况下的目标人群往往就是那些制作信息图的人。

不管何种情况，可视化数据的制作都有许多条路线可以选择。可以采用Gephi[1]这样的桌面软件来实现，也可采用后文中提到的各种Web技术来实现。

---

[1] http://gephi.org/

实现可视化的Web技术

随着HTML5以及其他相关技术、API的出现，除了以前标准的Web技术外，许多新功能也得以实现。极大地丰富了浏览器视觉表现效果的Canvas API、SVG和WebGL也包含在这些新出现的技术之中。每一种技术都可以有效地制作信息图。下面逐个对它们进行一下简单介绍。

■ Canvas API

Canvas API是为了在Web页面上动态绘制二维位图而提供的一组JavaScript API。通过JavaScript调用Canvas API提供的各种方法，可以在HTML的canvas元素上绘制出圆形或矩形等多种位图。

Canvas API由W3C（World Wide Web Consortium，万维网联盟）进行了标准化，支持Internet Explorer（以下称IE）9及其以后的版本，也支持Mozilla Firefox、Google Chrome、Safari等主流浏览器的最新版本。

■ SVG

SVG（Scalable Vector Graphics，可缩放矢量图形）是一种表现矢量图的图像格式。该格式的一大特点是：由于图像文件是采用XML描述的文本数据，因此可以很容易地从程序中对其进行操作。

SVG是从1990年开始就存在的、具有一定历史的技术。之后，由于使用HTML5的Inline SVG功能可以直接在HTML文档中嵌入SVG图像，因此SVG再度引起了人们的关注。

由于Inline SVG可以将SVG图像直接嵌入到HTML文档中，因此我们可以对圆形或矩形等图像内的各要素进行JavaScript的动态绘制、事件处理（Event Handling）、使用CSS修改界面外观等操作。

Inline SVG支持IE 9及其以后的版本，也支持Mozilla Firefox、Google Chrome、Safari等主流浏览器的最新版本。

■ WebGL

WebGL是一种在Web页面上绘制3D图形的API，与前面提到的Canvas API相比，WebGL提供了3D图形的扩展功能。

WebGL在Mozilla Firefox、Google Chrome、Safari的最新版本中都可以使用。很遗憾的是，在最新版本的IE 10中无法使用。另外，还存在由于机器显卡驱动的问题导致浏览器无法使用WebGL的情况。因此，相比其他技术，WebGL的使用门槛要高一些。

■ JavasScript库

JavaScript库（JavaScript Library）是将上述各种Web技术提供的JavaScript API打包，使开发者可以轻松利用其功能的一系列类库。具有代表性的JavaScript库及其在展现图像时可利用的技术如表1所示。

本特辑将采取其中的D3.js进行数据可视化。详细内容请参见第2章之后的内容。

实际用例

数据可视化具体可以使用在什么地方呢？本书从Web上向民众公开的项目中，选择了几个数据可视化的实际用例，如表2所示。

▼表1　数据可视化时可以使用的JavaScript库

库名	URL	展现图像时可利用的技术
KineticJS	http://kineticjs.com	Canvas API
Raphael	http://raphaeljs.com	SVG
three.js	http://threejs.org	WebGL
D3.js	http://d3js.org/	HTML、SVG

▼ 表2　利用了数据可视化的Web站点及服务

实际用例	URL	特点
New York Times（图2）	http://www.nytimes.com/interactive/2011/05/03/us/20110503-osama-response.html	使用交互式信息图向读者高效传达新闻的背景
Firefox 3D View（图3）	http://developer.mozilla.org/ja/docs/Tools/Page_Inspector/3D_view	以3D形式直观显示HTML文档的层次和嵌套结构
Visual.ly（图4）	http://visual.ly	发表了许多添加了设计元素的信息图

▼ 图2　New York Times 公开的信息图示例

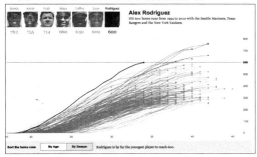

▼ 图3　使用3D View 将 Web 页面的 HTML 构造以3D形式可视化的示例

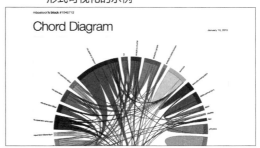

本特辑的结构

　　下面介绍一下本特辑的结构。在第2章，我们将介绍JavaScript库D3.js及其使用方法。在第3章和第4章，我们将以教程的形式，分别介绍如何使用D3.js实现地理数据和人际关系数据的可视化。

▼ 图4　Visual.ly 公开的信息图示例（Mission(s) to Mars）

第2章

D3.js 的导入和设定
特点、环境搭建、基本操作

D3.js 是什么

D3.js[①] 是一个基于数据动态构建 HTML 文档的开源 JavaScript 库。通过 HTML、SVG、CSS 等技术可以在 Web 页面上将数据以可视形态展现出来。

更具体地说，它提供了一组 API，可以将 HTML 文档中的 DOM（Document Object Model，文档对象模型）对象和数据进行关联、根据数据内容插入或删除 HTML/SVG 元素以及更改各种属性值。

说到 HTML 文档中的 DOM 对象可能就会联想到 HTML 元素，但由于 Inline SVG 可以在 HTML 文档中记录 SVG 元素，所以 D3.js 也可以对 SVG 进行操作。因此，D3.js 在使用矢量图进行数据可视化时也可以发挥很好的效果。

---

① http://d3js.org/

▼ 图1　D3.js

D3.js 的特点

多种多样的组件

将 D3.js 提供的各种功能，根据其用途进行划分、整合，形成一个个"组件"。这样，在制作信息图时，就没有必要每次都重复实现必要的功能，而且可以在多个程序中重复利用。

D3.js 提供的组件如表1所示。下面简单介绍一下第3章以后会使用到的 Geography 组件、Layouts 组件以及 Behaviors 组件。

■ Geography 组件

通过将以经纬度表示的数据标示在地图上，可以在信息图上直观地展示各种各样的地理信息。

D3.js 提供的 Geography 组件为了可以将纬

▼ 表1　D3.js 提供的组件

组件	说明
Core	D3.js 的核心功能
Scale	数值变换的相关功能
SVG	绘制 SVG 元素的功能
Time	日期和时间的相关功能
Layouts	数据布局的相关功能
Geography	绘制地理信息的相关功能
Geometry	绘制几何图形的相关功能
Behaviors	处理各种鼠标操作的功能

度、经度转换为二维平面上的X、Y坐标，提供了多种投影法。将投影的实现作为组件分离出来，就可以根据目的、状况，自由选择不同的地图表现方式制作信息图。

■ Layouts 组件

在制作信息图时，考虑采用何种数据布局是十分重要的。高效布置数据可能需要复杂的算法，所以对此领域不熟悉的开发者在进行数据可视化时可能会遇到困难。

D3.js 提供的 Layouts 组件准备了11种可以高效布置数据的布局。开发者只需选择想要使用的布局，调用相应的 API，就可以轻松将数据布置到信息图中。表2列出了 Layouts 组件提供的布局。

D3.js 的网站上公开了利用各个布局实现的信息图示例，请大家务必去看一看。

■ Behaviors 组件

通过完成交互式的信息图，可以向用户提供各种各样的体验。可是在制作信息图时，实现处理各种鼠标操作的功能是十分耗费时间的。

D3.js 的 Behaviors 组件提供了数个可以处理鼠标操作、轻松实现交互式信息图的功能。

Behaviors 组件提供的功能如下所示。

- Drag：处理拖曳操作的功能
- Zoom：处理使用鼠标滚轮缩放的功能

灵活利用这些功能，就可以在短时间内制作出交互式信息图。

丰富的文档

为了介绍各组件提供的 API，D3.js 准备了十分详细且丰富的文档。

▼ 图2　Geography 组件提供的投影法示例

▼ 表2　Layouts 组件提供的布局

布局		说明
Bundle		使用 Hierarchical edge bunding 算法以圆形表示将数据的层次结构
Chord		使用圆形表示各组数据之间的关系（图3）
Force		使用 Force-directed 算法表示网络结构
Hierarchy		表示数据层次结构的抽象布局
	Cluster	使用 Dendrogram 表示树形结构
	Pack	使用 Circle Packing 表示数据的层次结构
	Partition	使用放射状表示树形结构
	Tree	使用 Reingold-Tilford "tidy" algorithm 表示树形结构
	Treemap	使用 Treemap 表示树形结构
Histogram		表示柱状图
Pie		表示饼图
Stack		表示堆叠图

▼ 图3　Chord 布局

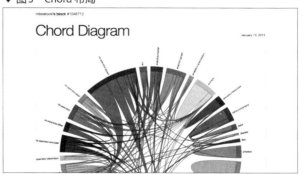

由于D3.js的组件十分多，学习其使用方法可能会花费大量的时间，不过我们可以根据需要来浏览文档，这样就能加深对其的理解。原始文档是用英文写成的，目前还没有中文版的文档。

并且，D3.js的网站上刊登了许多实际使用D3.js制作的信息图及其代码。这样就可以参考和需要制作的信息图相似的示例，一边学习D3.js的使用方法，一边轻松完成信息图的制作了。

Hello！D3.js！

下面以在Web页面上绘制简单的棒状图为例，来讲解一下使用D3.js制作简单信息图的方法。本节讲解的目的是让大家理解D3.js的配置方法，以及基础也很重要的Selection元素。

补充一下，讲解时使用的D3.js版本是笔者写作时（2013年7月）的最新版v3。

 ### 获取D3.js

为了使用D3.js制作信息图，首先需要获取D3.js的源代码。源代码的获取方法有如下两种。

■ 下载至开发环境中

第一种方法是从官方网站将D3.js下载至计算机的开发环境中。访问D3.js的官方网站，点击d3.v3.zip的链接即可下载包含最新版本的源代码的ZIP文件。

解压缩下载的ZIP文件后，可以看到如下文件。

- d3.v3.js：压缩前的源代码
- d3.v3.min.js：压缩后的源代码
- LICENSE：协议文件

对于制作信息图来说，无论压缩前还是压缩后的源代码都是十分必要的。在开发时使用压缩前的源代码可以在发生错误时轻松调试。信息图制作完成后，在展示阶段可以替换成压缩后的源代码，从而减小页面整体文件的大小，页面的展示速度也将得到提升。

■ 直接从D3.js的服务器载入

另一种方法是直接从HTML载入D3.js服务器上配置的源代码。源代码配置在http://d3js.org/d3.v3.min.js中，只要在HTML文档中加入如下script标签，就可以使用D3.js提供的各种API。

```
<script src="http://d3js.org/d3.v3.min.js"
charset="utf-8"></script>
```

与第一种方法相比，这个方法的优点在于能够简单地开始制作信息图。但是，如果开发计算机无法接入网络，就无法取得D3.js的源代码，从而无法在进行开发时确认制作中的信息图。因此，我们应该根据实际的情况和目的选择合适的获取方法。

 ### 基本的文件结构

在取得了D3.js的源代码后，就该准备制作信息图原型所需要的各种文件了。使用D3.js制作信息图时，需要准备如下3种文件。

- index.html：浏览器载入的HTML文件
- app.js：描述信息图绘制方法的JavaScript文件
- style.css：定义信图界面外观的CSS文件

这样对所有文件进行分类后，可以提高源代码的可维护性和可读性。制作小规模信息图时，还可以将这3种文件的内容全部整合在index.html中。这部分也应根据实际情况进行区别处理。

 ### 编写HTML文件

现在，我们开始制作信息图。首先编写浏览器载入的index.html文件（代码清单1）。

因为我们要制作的是简单的信息图，所以将JavaScript和CSS的代码全部包含在了index.html文件中。

style元素中记载了定义信息图界面外观的CSS。指定了visualization为id的空div元素是绘制信息图的画布（Canvas）。最后的script元素记载了绘制信息图的JavaScript代码。

准备数据

我们以 JavaScript 数组对象的形式来准备信息图的原始数据。这里准备的样本数据是各年度账户余额的数据。

```javascript
var data = [{year: 2007, balance: 200},
            {year: 2008, balance: 250},
            {year: 2009, balance: 300}];
```

这段代码中，将包含了3年的账户余额数据的数组传入 data 变量中，每个数据有 year、account 两个属性，分别代表年度和账户余额。

 将数据和 DOM 对象关联

使用下面的 JavaScript 代码，将刚才准备的数据传递给 D3.js。

```javascript
var selection = d3.select('#visualization').selectAll('div')
  .data(data, function(d){ return d.year; });
```

这段代码进行了如下两步处理。

- 获取 Selection 对象
- 将数据与 DOM 对象关联起来

D3.js 通过表示了 DOM 对象集合的 Selection 对象来进行 DOM 对象的操作。上述代码按顺序调用了 select 方法和 selectALL 方法，取得了指定 id 为 visualization 的元素所包含的、对应了多个 div 元素的 Selection 对象。Selection 对象可以使用 CSS 选择器[2] 来获取。

接下来调用 data 方法，将账户余额数据和 Selection 对象关联起来。这样就将账户余额的各个数据与 id 为 visualization 的元素所包含的 div 元素一一关联起来了。将数据的数组作为 data 方法的第一个参数传入。第二个参数则指定各个数据作为标识符时的属性。这里，将表示年度的 year 属性指定为标识符。

在这个时候需要注意，和各个数据关联的 div 元素还没有插入到 HTML 文档中，即使浏览器载入 index.html，也不会显示任何东西。

---

[2] 指定适用 Style 的对象的元素。

▼ 代码清单1 index.html

```html
<!DOCTYPE html>
<html>
  <head>
    <meta charset="utf-8" />
    <script src="http://d3js.org/d3.v3.min.js"
charset="utf-8"></script>
    <style>
    </style>
  </head>
  <body>
    <div id="visualization"></div>
    <script>
    </script>
  </body>
</html>
```

 插入 HTML 元素

为了将各个数据对应的 div 元素插入到 HTML 文档中，需要输入如下的 JavaScript 代码。

```javascript
selection.enter().append('div')
  .text(function(d) { return d.balance; })
  .style('width', function(d) { return d.balance +
"px"; });
```

这段代码进行了如下3步处理。

- 插入与数据相关联的 div 元素
- 设定插入后的 div 元素的文本
- 设定插入后的 div 元素的 CSS 属性

通过调用 Selection 对象的 enter 方法，向 D3.js 传达后续调用的方法是用来处理新添加的数据这件事。D3.js 的设计考虑到了实时变化的数据，可以仅对添加的数据或删除的数据进行相应的处理。之后再调用 append 方法，将各个数据对应的 div 元素插入到 HTML 文档中。

接着，调用 text 方法指定各 div 元素的文本。这里将各 div 元素的文本设置为账户余额的数值。

最后，调用 style 方法指定各 div 元素的宽度（Width）。这里根据账户余额的值，设定各 div 元素的宽度为相应的像素。

这类指定了 D3.js 提供的 DOM 元素属性的方法，可以接收函数对象作为其参数。在函数内进行相应的处理来决定属性的值，从而可以根据各个数据的内容来设定属性的值。因此，

79

在上面的代码中向text方法和style方法传递了函数对象作为其参数。这些都是很基本但又很重要的代码，在现阶段可要好好地理解它们。

 调整外观

最后输入下面的CSS代码，整理一下插入的div元素的外观。

```css
#visualization div {
  background-color: #0000FF;
  color: #FFFFFF;
  margin: 5px;
  padding: 5px;
  text-align: right;
}
```

为了使刚才插入的div元素的外观显示为棒状图，这段CSS代码定义了最低限度的CSS属性。浏览器载入index.html后，将显示出如图4所示的棒状图。

总　结

上面我们通过简单的示例代码讲解了D3.js

的使用方法。我想各位应该已经能够理解通过D3.js最基本、也是最重要的元素Selection对象来关联数据的话，应该如何操作DOM对象及修改其属性值了吧。

这样，使用D3.js实际制作信息图的准备就齐全了。接下来的章节，我们将介绍D3.js提供的其他组件，以及使用现实中存在的数据进行数据可视化的步骤。

▼ 图4　棒状图示例

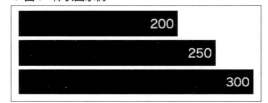

延伸阅读

数据可视化实战：使用D3设计交互式图表

数据可视化是展示数据的重要手段，广泛适用于数据分析、计量统计、演讲展示和各种网站应用。而通过浏览器来呈现数据不受平台限制，任何计算机只要能上网就可以看到漂亮的交互式图表。本书将带领读者学习当前最热门的基于浏览器的数据可视化库——D3。作者通过风趣幽默的语言、简单易懂的示例，由浅入深地介绍了使用D3所需的基本技术，以及基于数据绘图、比例尺、数轴、数据更新、过渡和动画等构建交互式在线图表的核心概念，最后还介绍了D3中常用的布局方法和创建地图等流行应用的技巧。

"难懂的技术细节到了作者Scott Murray的笔下，三言两语就讲得清清楚楚。假如你早就想探索基于Web标准来实现动态的数据可视化——就算没多少编程经验，这本书都是你最合适的选择！"

——最有潜力的Web数据可视化库D3的创造者 Mike Bostock

第**3**章

实现地理数据可视化的方法

使用D3.js + Foursquare API实现

地理数据的可视化

本章将介绍对使用经纬度表示的地理数据进行可视化及制作信息图的步骤。让我们一起利用D3.js提供的Geography组件，在地图上实现地理数据的可视化吧。

准备数据

首先，我们需要准备信息图的原始数据。这次准备的地理数据包括Foursquare的签到历史数据，以及标绘它们时充当沙盘的地图数据。

地图数据

由于个人制作地图数据十分困难，所以在这里，我们使用Natural Earth[1]公开的免费地图数据。点击Download页面[2]的Download countries链接，下载包含地图数据的ZIP压缩文件。

为了使D3.js的Geography组件可以载入下载下来的地图数据，需要将地图数据转换为GeoJSON格式[3]。

GeoJSON格式的转换可以使用ogr2ogr命令。由于该命令包含在一个名为GDAL[4]的地理数据处理工具中，所以需要先在计算机的开发环境中安装GDAL。使用OS X时，可以使用MacPorts或Homebrew进行安装。

展开下载的ZIP文件，可以看到名为ne_10m_ admin_0_countries.shp的文件。执行下面的命令，将这个文件转换成名为map.json的GeoJSON格式文件。

```
$ ogr2ogr -f GEOJSON -where "adm0_a3 = 'JPN'" map.
json ./ne_10m_admin_0_countries.shp 实际为1行
```

在上述命令中，通过指定where参数，可以从地图数据中仅抽取出与日本相关的数据。这样，地图数据的准备就完成了。

标绘在地图上的数据

接下来，我们准备标绘在地图上的地理数据。这里使用通过Foursquare API[5]取得的、笔者过去的1000个签到历史数据（即曾经去过的地方的数据）。

API的调用方法采用的是可以使用Ruby的Foursquare API包装库foursquare2[6]。通过API取得笔者账号的签到数据后，将其加工成如下的JSON（JavaScript Object Notation）格式，写入名为checkin.json的文件中。

---

① http://www.naturalearthdata.com/

② http://www.naturalearthdata.com/downloads/10m-cultural- vectors/

③ http://www.geojson.org

④ http://gdal.org/

⑤ https://developer.foursquare.com/

⑥ https://gitub.com/mattmueller/foursquare2

81

▼ 代码清单1　index.html

```html
<!DOCTYPE html>
<html>
<head>
<meta charset="utf-8" />

<script src="http://d3js.org/d3.v3.min.js" charset="utf-8"></script>

<style>
</style>

</head>
<body>

<script>
</script>

</body>
</html>
```

▼ 代码清单2　插入SVG元素

```javascript
var width = 1024;
var height = 768;

var svg = d3.select("body").append("svg")
  .attr({
    width: width,
    height: height
  });
```

```json
[
  {
    "coordinates": [135.493237, 34.671281]
  },{
    "coordinates": [135.499931, 34.671221]
  },
  .....
]
```

数组的各元素表示了各个签到历史。coordinates属性分别存储了签到地点的纬度、经度。这样，标绘到地图上的数据也准备好了。

步 骤

制作信息图的必要准备已经完成了。那么，我们就开始实现吧。

编写HTML文件

首先，我们要编写作为信息图原型的index.html（代码清单1）。

和第2章编写的index.html几乎相同，但仅有一点区别，那就是HTML文档中并不存在绘制信息图的元素。这次我们通过JavaScript代码动态插入SVG元素来绘制信息图。

当然，目前阶段如果浏览器载入index.html，只会显示空白的页面。

 ### 插入SVG元素

接下来，将绘制信息图时使用的SVG元素插入到HTML文档中（代码清单2）。

代码清单2进行了如下两步处理。

- 将SVG元素插入到body元素中
- 设定SVG元素的大小

使用D3.js同样可以操作与数据没有直接关联的DOM对象。这里是通过调用select方法，在获取body元素对应的Selection对象后再调用append方法，将SVG元素插入到body元素中的。

之后通过调用attr方法，设定刚才插入的SVG元素的大小。这里将表示宽的变量width的值设为1024像素，表示高的变量height的值设为768像素。这里我们将对象传递给了attr方法的参数，不过使用下面的代码也可以达到同样的效果。

```
.attr('width': width)
.attr('height': height)
```

这时若在浏览器中显示index.html，将会看到和刚才同样的空白页面，但使用Google Chrome的Developer Tools就可以确认刚才插入的SVG元素了（图1）。

 ### 载入地图数据

接下来，使用JavaScript载入最初准备的地图数据（代码清单3）。

代码清单3中的操作载入了map.json中记录的JSON格式的地图数据，并将其内容输出到了控制台中。d3.json方法可以异步载入服务器上的JSON数据，也可以将其转换成JavaScript对象，十分方便。

使用浏览器打开现在的index.html，确认Developer Tools的Console后，就可以正常载入地图数据了（图2）。

另外，可能是由于开发环境的问题，有时Console也会显示如图3所示的错误，无法正常地载入地图数据。发生这个错误是由于浏览器是通过以file:///开头的URL来载入index.html的。使用XAMPP或MAMP[⑦]启动本地服务器，通过Web服务器（也就是以http://开头的URL）载入index.html，就可以正常地载入地图数据了。除了地图数据，异步从服务器取得JSON数据时也要注意这个问题。

 绘制地图

基于刚才载入的地图数据，在SVG图像上绘制出日本地图（代码清单4）。

代码清单4进行了如下4步处理。

- 获取Projection对象
- 获取Path对象
- 将path元素插入到SVG元素中
- 根据path元素设定描绘线条的坐标

■ 将纬度、经度转换为x、y坐标

首先，通过调用d3.geo.mercator()方法获取Projection对象。这个方法是D3.js的Geography组件提供的功能之一。

因为地球是一个球体，所以如果想要将地球上的地理数据映射（Mapping）到二维平面的地图上，就必须使用某种方法将纬度、经度转换为x、y坐标。这里我们使用的是墨卡托（Mercator）投影法。

■ 表现直线和曲线

通过调用d3.geo.path()方法取得了Path对象。这个方法也是Geography组件提供的功能之一。

Path对象是用来操作path元素的函数对象，而path元素则是用来在SVG图像中表示直线或曲线的元素。具体来说，就是将用纬度和经度记录的连续点的集合，统一转换

---

⑦ 指Mac、Apache、MySQL、PHP的结构。

为x、y坐标，并返回能够指定path元素d属性的格式。为了指定转换坐标的方法，要将刚才获取的Projection对象作为参数传递给Projection方法。

■ 显示地图

在d3.json方法内部也进行了修改。先获取与SVG元素所包含的path元素相对应的Selection对象，然后调用data方法，将地图数据与Selection对象关联起来。

▼ 图1 插入的SVG元素

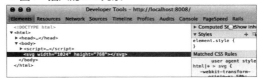

▼ 代码清单3 载入地图数据

```
d3.json('map.json', function(error, mapJson) {
  console.log(mapJson)
});
```

▼ 图2 成功载入地图数据

▼ 图3 无法正常载入地图数据时的显示

```
XMLHttpRequest cannot load file:///Users/kadoppe/Source/webdb/geo/
map.json. Cross origin requests are only supported for HTTP.
```

▼ 代码清单4 绘制日本地图

```
var projection = d3.geo.mercator();

var path = d3.geo.path().projection(projection);

d3.json('map.json', function(error, mapJson) {
  var pathSelection = svg.selectAll('path').data(mapJson.features)
    .enter().append('path')
    .attr({
      d: path
    });
});
```

之后，调用append方法，将path元素插入到SVG元素中，并调用attr方法，根据刚才生成的Path对象设置path元素d属性的值。至此，绘制日本地图所需要的线条就显示在SVG图像中了。

这时index.html的显示如图4所示。显示位置以及大小虽然十分奇怪，但是可以确认在Web页面上显示出了日本地图。

 调整地图的位置和大小

■ 修改显示位置

现在显示的日本地图很小，位置也偏右了一些，甚至有点儿看不清楚。因此，我们来调整一下地图的显示位置及大小（代码清单5）。

代码清单5修改了刚才获取Projection对象的处理。通过调用center方法，指定了地图的中心位置。在这里，我们将日本的中心点——东经135度、北纬35度指定为地图的中心位置。

■ 指定地图的大小

接着，调用scale方法指定地图的大小。这里我们将地图的显示放大了1500倍（默认为150倍）。最后的translate方法则将地图的中心位置调整为与SVG图像的中心位置一致。将倍率值存入变量中，以便以后能够重复利用。

这时，index.html的显示如图5所示，可以看到日本地图变大了，并且显示在了中央。

 改变地图的颜色

现在的日本地图将土地显示成了黑色，整体看起来不太像地图，因此我们使用下面的CSS来改变地图上土地的颜色。

```
.map {
  fill: #CCDDCC;
}
```

另外，还需要修改JavaScript代码（代码清单6）。我们在attr方法的变量中添加了class属性，使map类会被分配给path元素。上面的CSS代码设置了map类的fill属性，将颜色修改成了淡绿色。像这样，Inline SVG中元素的界面外观也可以使用CSS轻松进行修改。

这时index.html的显示如图6所示，可以看到本来用黑色显示的地图变成了淡绿色。

 标绘签到历史数据

现在我们已经绘制好了作为信息图沙盘的地图数据。接下来，要将Foursquare中笔者的签到历史数据标绘到地图上（代码清单7）。

代码清单7进行了如下4步处理。

- 获取签到历史数据
- 将Selection对象与签到历史数据关联起来
- 将SVG元素插入到circle元素中
- 设定circle元素的中心坐标以及半径

通过调用d3.js方法可以从服务器载入事先准备好的签到历史数据。

▼ 图4　显示了较小的日本地图

▼ 代码清单5　修改显示位置

```
var scale = 1500;

var projection = d3.geo.mercator()
  .center([135, 35])
  .scale(scale)
  .translate([width / 2, height / 2]);
```

▼ 图5　调整过显示位置和大小的日本地图

▼ 代码清单6　改变地图的颜色

```
var pathSelection = svg.selectAll('path').data(mapJson.
features)
  .enter().append('path')
  .attr({
    class: 'map',
    d: path
  });
```

▼ 代码清单7　将数据标绘在地图上

```
d3.json('map.json', function(error, mapJson) {
  // 中略
  d3.json('checkin.json', function(error, checkinJson) {
    var circleSelection = svg.selectAll('circle').data(checkinJson)
      .enter().append('circle')
      .attr({
        cx: function(d) { return projection(d.coordinates)[0] },
        cy: function(d) { return projection(d.coordinates)[1] },
        r: '2',
      });
  });
});
```

▼ 图6　改变颜色的日本地图

▼ 图7　将签到历史标绘在地图上

接着，获取与SVG元素内的circle元素相对应的Selection对象，通过调用data方法将签到历史数据与Selection对象关联起来。circle元素是用来在SVG图像中显示圆形的元素。

然后，再调用append方法将各个数据对应的circle元素插入到SVG元素中。

最后，调用attr方法指定插入的各circle元素的属性值。将表示圆半径的r属性设为2像素，表示中心坐标的cx、cy属性设为由纬度、经度转换而来的x坐标、y坐标。将纬度、经度转换为x坐标、y坐标时，使用了之前获取的Projection对象。

签到历史数据的标绘需要以地图数据的绘制为前提。SVG图像有一个规则，那就是后绘制的元素会显示在先前的元素之上。因为没有像CSS的z-index属性这样改变显示顺序的功能，所以需要注意，根据处理的顺序不同，标绘的点可能会全部都隐藏在地图的后面。

这时index.html的显示如图7所示，可以看到作者过去签到过的地方以黑点的形式标绘在了日本地图上。

实现缩放和移动操作

至此，我们已经将签到历史数据标绘在了地图上。只是，现在信息图中绘制的点过于密集，看不太清楚。

这里，我们需要为信息图实现以下的交互性，使标绘在地图上的点能够更加清晰。

- 通过鼠标滚轮操作缩放地图 (Zoom in/out)
- 通过拖曳操作移动地图（Pan）

首先，我们来实现缩放功能（代码清单8）。代码清单8进行了如下4步处理。

- 注册鼠标滚轮操作时的事件处理器（Event Handler）
- 更新Projection对象的倍率
- 更新path元素绘制的线条的坐标
- 更新circle元素绘制的圆形的中心坐标

通过d3.behavior.zomm()方法获取Zoom对象。Zoom对象是D3.js提供的Behaviors组件包

含的功能之一。使用Zoom对象，可以简单地实现根据鼠标滚轮操作来操作DOM对象的功能。

之后调用on方法，注册鼠标滚轮操作发生时执行处理的事件处理器。

通过调用与path元素和circle元素相对应的各Selection对象的attr方法，更新指定了各个位置的属性值。因为更新了之前Projection对象的倍率，所以各属性的值都与最初设定的不同。最后调用与SVG元素相对应的Selection对象的call方法，将Zoom对象应用在SVG元素上。

接下来，我们来实现地图的移动功能，具体的JavaScript代码如下所示。

```
var drag = d3.behavior.drag().on('drag', function() {
  var translate = projection.translate()
  projection.translate([translate[0] + d3.event.dx,
  translate[1] + d3.event.dy])

  map.attr('d', path);
  checkins.attr({
    cx: function(d) { return projection(d.coordinates)[0] },
    cy: function(d) { return projection(d.coordinates)[1] }
  });
});
svg.call(drag);
```

基本上和实现缩放操作的处理流程没有什么不同。首先，调用d3.behavior.drag()方法获取Drag对象。Drag对象也是Behaviors组件所包含的功能之一，在实现鼠标拖曳操作相应的处理时很有帮助。

在事件处理器内部，根据拖曳操作中鼠标指针的移动量来更新Projection对象的平行移动

量。之后，跟实现缩放时一样，更新path元素和circle元素的属性值。

现在显示index.html的话，就会发现我们可以通过鼠标滚轮和拖曳动作进行相关操作了（图8）。如图8所示，通过聚焦特定的区域，可以更加精细地分析签到历史。

总 结

至此，本章的信息图就制作完成了。

使用Geography组件，可以将笔者Foursquare上的签到历史数据标绘到日本地图上，使用Behaviors组件还可以为信息图导入交互性。灵活运用D3.js提供的组件，可以使用简单的代码在短时间内轻松实现原本需要从零开始且非常耗时的功能。

▼ 图8　将大阪附近放大显示

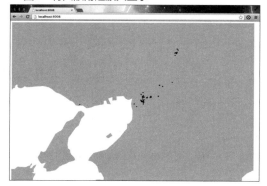

▼ 代码清单8　实现缩放功能

```
d3.json('checkin.json', function(error, checkinJson) {
  // 中略
  var zoom = d3.behavior.zoom().on('zoom', function() {
    projection.scale(scale * d3.event.scale);

    pathSelection.attr('d', path);
    circleSelection.attr({
      cx: function(d) { return projection(d.coordinates)[0] },
      cy: function(d) { return projection(d.coordinates)[1] }
    });});svg.call(zoom);});
```

第4章

实现人际关系数据可视化的方法
使用网状结构表示朋友间的关系

关系的可视化

本章将介绍如何对由节点和链接构成的关系数据进行可视化并制作信息图。下面就让我们使用D3.js提供的Layouts组件将关系数据以网状结构进行可视化吧。

准备数据

这次我们使用Foursquare中表示用户朋友关系的数据。将各个用户看作节点，并用链接将互为朋友的用户连接起来，从而以网状结构进行可视化。

我们可以利用Foursquare通过下面的方法获取数据。

❶ 获取某一用户的8位朋友用户

❷ 获取这些朋友用户的8位朋友用户

❸ 重复❷两次

将获取的数据加工成JSON（JavaScript Object Notation）格式，并将其写入名为network.json的文件中。

这里简单说明一下格式。nodes属性是存储了节点信息的数组，links属性是存储了连接各节点的链接信息的数组。

各节点表示了Foursquare中的用户信息，各属性的意义如表1所示。

链接信息中包含的各属性的意义如表2所示。

这里使用的属性名和数值是由D3.js的Layouts组件提供的Force布局详细规定的。

以上就是关于准备数据的格式的说明。这样，网状结构可视化所需要的数据就准备好了。

开发步骤

 编写HTML文件

首先，我们要编写信息图原型的index.html。

▼ 代码清单1　network.json

```json
{
  "nodes": [
    { "id": 1, "checkins": 150, "gender": 'male' },
    { "id": 2, "checkins": 100, "gender": 'female' },
    .....
  ],
  "links": [
    { "source": 0, "target": 2 },
    { "source": 3, "target": 4 },
    .....
  ]
}
```

▼ 表1　Foursquare中用户信息的属性

属性	说明
id	Foursquare中用户的标识符
checkins	用户在Foursquare的签到次数
gender	性别（male=男性、female=女性、none=不明）

▼ 表2　Foursquare中链接信息的属性

属性	说明
source	存储了节点信息的数组中链接源节点的索引
target	存储了节点信息的数组中链接目标节点的索引

87

由于使用了和上一章同样的 HTML 文件，所以本章不再赘述。

SVG 元素的插入和数据的载入

接下来，将绘制信息图所需的 SVG 元素插入到 HTML 文档中，并且载入最开始准备的关系数据（代码清单2）。这部分的代码也和上一章的基本相同，所以也不再赘述。

将圆形和直线插入到SVG图像中

之后，将表示节点的圆形、表示链接的直线插入到 SVG 图像中。在 SVG 图像中，可以使用 circle 元素表现圆形、使用 line 元素表现直线（代码清单3）。

代码清单3进行了如下处理。

- 获取与 line 元素和 circle 元素相对应的 Selection 对象
- 将 Selection 对象和链接信息关联起来
- 将 line 元素和 circle 元素插入到 SVG 元素中

▼代码清单2　插入SVG元素

```
var width = 800;
var height = 500;

var svg = d3.select("body").append("svg")
  .attr({
    width: width,
    height: height
  });

d3.json('network.json', function(error, network) {
  console.log(network)
});
```

▼代码清单3　将圆形和直线插入到SVG图像中

```
d3.json('network.json', function(error, network) {
  var link = svg.selectAll('line').data(network.
links)
    .enter().append('line');

  var node = svg.selectAll('circle')
    .data(network.nodes, function(d) { return d.id })
    .enter().append('circle')
    .attr({
      r: 5
    });
});
```

这里的示例代码我们已经讨论过，应该不难理解。

我们需要写一些 CSS 代码来指定 line 元素的颜色和粗细。CSS 代码如下所示。

```
line {
  stroke: gray;
  stroke-width: 1px;
}
```

这段代码将直线的颜色设定为灰色，粗细设定为1像素。

这时在浏览器中显示 index.html 的话，我们可以看到仅仅在浏览器的右上角显示了圆形的一部分。这是因为还没有实现决定 circle 元素和 line 元素显示位置的布局功能。

绘制网状结构

至此，绘制网络结构的必要元素都已经插入完成了。接下来就使用 D3.js 提供的 Layouts 组件，实现对各个元素的布局处理。

在第2章我们曾简单介绍了 Layouts 组件提供的各种布局，这次我们使用 Force 布局来进行网状结构的可视化。

Force 布局使用 force-directed 算法（力导向算法），提供了可以绘制漂亮的网状结构的功能。force-directed 算法是将节点看作带有电荷的粒子、将链接看作弹簧，通过力学模拟决定各节点配置的一种算法。因为很难在二维平面上决定节点的位置，所以我们要利用像 force-directed 算法这样的模拟手法。

由于代码比较长，所以我们分为几个部分进行讲解（代码清单4）。

代码清单4进行了如下处理。

- 获取 Force 对象
- 向 Force 对象注册节点信息
- 向 Force 对象注册链接信息
- 指定 Force 对象的尺寸

首先调用 d3.layout.force() 方法，获取提供 Force 布局功能的 Force 对象。为了以后能够重复利用数据，暂且将其保存在变量中。

▼ 代码清单4　绘制网状结构（之1）

```
d3.json('network.json', function(error, network) {
  // 中略
  var force = d3.layout.force()
    .nodes(network.nodes)
    .links(network.links)
    .size([width, height]);
});
```

　接下来调用nodes方法，注册Force对象对应的节点信息，然后调用links方法，注册链接信息。需要注意的是，如果表示链接信息的JSON格式与Force布局要求的格式不符，JavaScript就会报错。

最后调用size方法，指定布局的尺寸大小。

让我们看看接下来的代码。代码清单5进行了如下处理。

- 注册Force对象的事件处理器
- 更新link元素的起点和终点
- 更新circle元素的中心坐标
- 开始模拟

Force对象在模拟阶段会触发名为tick的事件。开始时通过调用on方法，注册了与tick方法相对应的事件处理器。在事件处理器内部，调用各Selection对象的attr方法，更新link元素的起点和终点，以及circle元素的中心坐标。在从数据中获取的x、y属性中，存储了通过Force布局计算而得到的节点和链接的显示坐标。最后调用start方法，开始Force布局的模拟过程。这时在浏览器中显示index.html的话，会看到在开始时剧烈移动的节点慢慢收敛为固定的状态，呈现出了网状的结构。

 ### 改变节点的颜色

接下来，我们根据用户的性别改变节点的颜色（代码清单6）。

在调用Selection对象的attr方法时，调整一下指定class属性的代码，这样，各circle元素的class属性将被分配各节点信息的gender属性值，也就是区分了用户的性别。

接着对分配好的class定义CSS属性。

▼ 代码清单5　绘制网状结构（之2）

```
force.on('tick', function () {
  link.attr({
    x1: function(d) { return d.source.x; },
    y1: function(d) { return d.source.y; },
    x2: function(d) { return d.target.x; },
    y2: function(d) { return d.target.y; }
  });

  node.attr({
    cx: function(d) { return d.x; },
    cy: function(d) { return d.y; }
  });
});
force.start();
```

▼ 图1　使用Force布局进行可视化后的网状结构

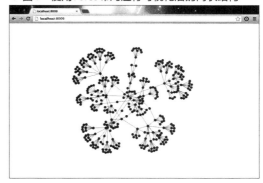

▼ 代码清单6　改变节点的颜色

```
var node = svg.selectAll('circle')
  // 中略
  .attr({
    class: function(d) { return d.gender },
    r: 5,
  });
```

```
.male {
  fill: blue;
}
.female {
  fill: red;
}
```

通过这段代码，分配给male类的circle元素会表示为蓝色，分配给female类的circle元素则表示为红色。

 ### 改变节点的大小

接下来我们根据用户过去的签到次数，改变节点的半径（代码清单7）。

代码清单7进行了如下处理。

- 获取 Scale 对象
- 使用 Scale 对象设定 circle 元素的半径

调用 d3.scale.linear() 方法获取 Scale 对象。Scale 对象是由 D3.js 的 Scale 组件提供的功能。通过设定输入和输出数值的范围，可以简单地定义数值转换的处理。这里，我们调用 domain 方法和 range 方法，将 0～20000 范围内的数值转换为 3～15 范围内的数值。

接下来，在调用 Selection 对象的 attr 方法时，r 属性的值改为通过函数对象来确定。这里使用刚才获取的 Scale 对象，将半径收缩到 3～15 像素范围内。

这时在浏览器中显示 index.html 的话，将会看到签到次数多的用户节点显示得较大，签到次数少的用户节点显示得则较小（图2）。

■ 使鼠标可以对节点进行操作

现在的信息图由于节点和链接有缠在一起的部分，让人觉得看不太清楚。所以，我们使鼠标可以通过拖曳操作移动节点，从而能够更加清楚地确认缠在一起的地方（代码清单8）。

这是非常简单的代码。通过将 Force 对象的

▼ 图2　根据签到次数改变节点的半径

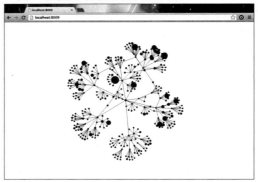

drag 属性传递给 circle 元素对应的 Selection 对象的 call 方法，就可以用鼠标拖曳来移动节点了。

这时在浏览器中显示 index.html 的话，将会看到可以使用鼠标拖曳位置不合适的节点，其他的节点则以被拖曳的状态跟随其一起移动。

■ 过滤链接

接下来，我们让信息图上显示的链接，在鼠标点击按钮时可以实时地过滤掉。在这里，将过滤链接的条件设定为"两端的节点都是男性用户"，只有满足这个条件的链接才会显示在信息图上。

▼ 代码清单7　改变节点的大小

```
var scale = d3.scale.linear()
  .domain([0, 20000])
  .range([3, 15]);

d3.json('network.json', function(error, network) {
  // 中略
  var node = svg.selectAll('circle')
    // 中略
    .attr({
      class: function(d) { return d.gender },
      r: function(d) {return scale(d.checkins)},
    });
```

▼ 代码清单8　使鼠标可以对节点进行操作

```
d3.json('network.json', function(error, network) {
  // 中略
  node.call(force.drag)
});
```

▼ 代码清单9　过滤链接

```javascript
var button = d3.select('body').append("button").text('filter');

d3.json('network.json', function(error, network) {
  // 中略
  button.on('click', function() {
    var filteredLinks = network.links.filter(function(link) {
      return link.source.gender === 'male' && link.target.gender === 'male'
    });

    link.data(filteredLinks)
      .exit().remove();

    force.links(filteredLinks).resume();
  });
});
```

代码清单9进行了如下处理。

- 将button元素插入到body元素中
- 注册点击button元素时的事件处理器
- 抽取满足条件的链接信息
- 删除不满足条件的链接所对应的link元素
- 重新设定Force对象的链接信息

首先，利用Selection对象将body元素插入到button元素中，并将按钮的文本设定为filter字符串。接着，通过调用button元素对应的Selection对象的on方法，注册点击按钮时的事件处理器。

在事件处理器内部，首先要进行链接信息的过滤处理。之后调用Array对象的filter方法，将两端节点都是男性用户的链接信息暂时存储在变量filteredLinks中。

接着，通过将过滤后的链接信息filteredLinks传递给link元素对应的Selection对象的data方法，更新与Selection对象关联的数据。更新后，通过调用exit方法，指定后面调用方法时都是对更新前消除的数据进行处理。

这个方法是目前为止出现多次的enter方法的逆处理。最后调用remove方法，将与消除的链接信息相关联的link元素从HTML文档中移除。

接下来，调用Force对象的links方法，更新登录的链接信息。最后载入resume方法，再次开始模拟，使布局在链接消除后的状态进行再次计算。

这时在浏览器中显示index.html，点击页面上显示的filter按钮后，可以看到除了两侧都是男性用户的链接以外，其他链接都被实时消除了（图3）。

总　结

使用Layouts组件，可以将由节点和链接构成的关系数据以网状结构绘制在信息图上。

本特辑使用简单的示例讲解了数据可视化。由于D3.js准备了许许多多的布局和库，请大家务必亲自使用各种数据尝试制作一下信息图。

▼ 图3　链接过滤后

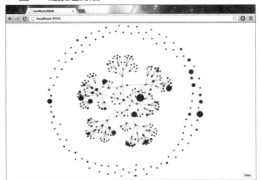

Gradle
让构建更高效
使用Groovy编写DSL代码，高效实现自动化

文 / 佐藤太一 SATO Taichi
电通国际信息服务股份有限公司
mail sato.taichi@isid.co.jp
GitHub taichi
译/刘斌　微博 @sakura79

很多软件开发方面的工作，程序员和架构管理员都会使用自动化脚本来完成。通过这些自动化工作，不仅能防止由于疏忽而导致的人为差错，还能帮助开发人员将精力集中在更有价值的工作上。但是在Java项目里，包括构建脚本（build script）在内的代码量很容易急剧增长。为了改善这种情况，新的构建工具Gradle[①]应运而生，下面本文就来介绍一下这个工具。

Ant、Maven等自动化工具的效率（生产性）问题

Java项目里最常见的构建工具就是Ant了。不过Ant的缺点是即使是完成很少的工作也需要编写大量的脚本代码，所以如果只使用Ant工具来实现各种自动化工作的话，整个构建脚本的代码量将会变得非常庞大。

Maven则考虑了项目的各种规约，重新定义了项目的开发方式。在这种方式下，如果按照Maven的标准进行开发的话，即使几行代码也能够完成一个项目的构建工作，同时也能保持构建脚本的简洁和轻量。但是如果想要构建和Maven标准不同的项目（哪怕这个差别十分小），或者想要实现Maven标准并不支持的自动化工作，就必须自己去遵循Maven晦涩难懂的API编写插件来完成。虽然从理论上来说Ant能做到的事情Maven也都能做到，但是也许正是因为Maven太过复杂，

所以才没有得到广泛的应用。

很多的OSS（开源软件）都推荐使用Maven进行构建管理。按照说明文档就可以很容易地生成项目的原型，并创建可以进行构建的Maven的pom.xml文件。而且一般情况下都不对创建的pom.xml做修改，直接使用Maven来完成它能完成的工作，其余部分则交给Ant来完成。但是正如前面我们所说的那样，使用Ant就需要编写大量的代码，由此导致自动化的成本和带来的风险都高于手工作业的话，恐怕大家就都不会采用自动化构建了吧。

使用Gradle

本文将要介绍的Gradle是使用强大的脚本语言Groovy[②]来编写代码的，所以构建脚本会非常简洁。如果各位读者平时就使用Java，那么也能很快掌握Groovy。如果想熟练使用Gradle，就必须要先了解Groovy，所以本文的前半部分会先介绍一下Groovy。而后半部分我们会从基础开始介绍如何使用Gradle进行构建活动。

另外，本文所使用的示例代码都可以从图灵社区的支持页面上下载[③]。

---

① http://gradle.org/

② http://groovy.codehaus.org/
③ 打开http://www.ituring.com.cn/book/1271，点击随书下载。
　　　　　　　　　　　　　　　　——译者注

运行环境

本文是基于以下运行环境来进行说明的。

- Windows 7 64bit
- Java SE 7u25
- Eclipse Juno(4.2)SR2
  - Eclipse IDE for Java Developers
- groovy-eclipse 2.7.2

groovy-eclipse 是用于在 Eclipse 中编写和执行 Groovy 代码的插件。这个插件同时也搭载了 Groovy 的运行时环境，所以 Groovy 的代码也可以作为 Java 代码来执行。

本文中主要以 Java 项目为主进行说明，由于 Java 的跨平台特性，所以我们无需担心不同操作系统是否兼容的问题。不过即使如此，本文还是会涉及一些依赖于平台的脚本或者环境变量等。Linux 和 Mac 的用户在阅读本文时如果发现了这方面的内容，将其替换为自己所使用的操作系统的相应内容去理解即可。

如何使用Groovy

目前为止（2013 年 11 月），Gradle 的最新版本是 2.2.0-rc-3，但是由于 Gradle 使用的 Groovy 版本是 1.8.6，所以在本文中我们也将以 1.8.6 版本为前提进行说明。

从语法上讲，Groovy 和 Java 非常相像，很多语法都是兼容的。Java 代码里除了一部分需要特殊处理以外，大部分都能作为 Groovy 代码正常运行。所以 Java 程序员学习 Groovy 时会感到非常亲切，他们可以继续使用大部分的 Java 语法，只有在那些两种语言不同的地方，才需要转换为 Groovy 专用的语法。从现在开始我们就要逐渐从 Java 语法转向 Groovy 的语法了，但最初我们还是先尝试使用 Groovy 中比较简单的用法。

Java 版 Hello World

下面我们就来试着编写一下 Groovy 代码。以

下代码虽然完全是用 Java 写的，但是同时也能作为 Groovy 代码正常执行。

Main.java
```java
import java.util.Arrays;
import java.util.List;

public class Main {
  public static void main(String... args) {
    List<String> msgs =
      Arrays.asList(hello("World"), hello("Taichi"));
    for (String m : msgs) {
      System.out.println(m);
    }
  }
  private static String hello(String name) {
    return "Hello " + name;
  }
}
```

唾手可得的 Groovy 风格代码

为了让编译器将上面的代码作为 Groovy 代码执行，我们先把源文件的扩展名从 .java 改为 .groovy。

◎ 句尾的";"和一部分的 import 声明可以省略

Groovy 代码里句尾的分号可以省略。Java 里 java.lang.* 包下面的类会默认被 import 进来，Groovy 则在此基础上，将 java.util.*、java.io.* 或者 java.math.BigDecimal 等类也都默认地 import 进来。上面的代码可以进一步修改为下面这样。

Main.groovy
```groovy
public class Main {
  public static void main(String... args) {
    List<String> msgs =
      Arrays.asList(hello("World"), hello("Taichi"))
    for (String m : msgs) {
      System.out.println(m)
    }
  }
  private static String hello(String name) {
    return "Hello " + name
  }
}
```

◎ def——方便的变量声明关键字

Groovy 里变量默认的作用域为 public。此外，变量类型声明可以通过在变量名前使用关键字 def 来完成。使用 def 的话，在变量声明时无需考虑变量的类型。而且，在方法参数的变量声明里还可以省略 def。

Main.groovy
```groovy
public class Main {
  static def main(args) {
    def msgs =
      Arrays.asList(hello("World"), hello("Taichi"))
    for (def m : msgs) {
      System.out.println(m)
    }
  }
  private static def hello(def name) {
    return "Hello " + name
  }
}
```

◎ Groovy 里的数组和 List

在Java里对数组进行初始化的时候使用"{}"(大括号),而在Groovy里却不能这样用。在Groovy里初始化List时需要使用的是"[]"(方括号)。

Main.groovy
```groovy
public class Main {
  static def main(args) {
    def msgs = [hello("World"), hello("Taichi")]
    for (def m : msgs) {
      System.out.println(m)
    }
  }
  private static def hello(def name) {
    return "Hello " + name
  }
}
```

这样看来,Groovy对Java语言中一些较为冗长的语法进行了改善。

◎扩展的 GString 字符串类型

Groovy里用""双引号围起来的字面值,并不是Java里的String类型,而是被称为GString的模板语言。也就是说,如果直接把Java代码作为Groovy代码运行的话,自动使用的是GString而非String。GString里面的 $name 或者 ${name} 等则会被当作在其范围内能够使用的变量来处理。在下面的例子中,hello方法里面就使用了GString类型。

Main.groovy
```groovy
public class Main {
  static def main(args) {
    def msgs = [hello("World"), hello("Taichi")]
    for (def m : msgs) {
      System.out.println(m)
    }
  }
  private static def hello(def name) {
    return "Hello $name"
  }
}
```

如果想在Groovy里使用Java里的String字面值的话,可以使用"'"(单引号)。此外,Groovy里面并没有char字面值这种类型。

 使用闭包

下面我们该来试一试Groovy里的闭包了。闭包同Java8里引入的Lambda十分相似,能够以其灵活的语法将普通的方法当作变量来处理。本文中将会出现很多使用闭包的代码,请大家阅读后仔细体会,以便理解闭包的关键之处。在下面的代码里,我们将private的hello方法删除,取而代之的是将hello定义为一个局部闭包变量。

Main.groovy
```groovy
public class Main {
  static def main(args) {
    def hello = { name -> return "Hello $name" }
    def msgs = [hello("World"), hello("Taichi")]
    for (def m : msgs) {
      System.out.println(m)
    }
  }
}
```

◎ 省略 return 关键字

Groovy中最后一行语句执行的结果如果能作为返回值的话,则可以省略return关键字。特别是在一行就能处理完毕的闭包中,如果再省略return关键字,代码将会显得更加轻巧、便于理解。

Main.groovy
```groovy
public class Main {
  static def main(args) {
    def hello = { name -> "Hello $name" }
    def msgs = [hello("World"), hello("Taichi")]
    for (def m : msgs) {
      System.out.println(m)
    }
  }
}
```

◎ 用 each 方法来执行迭代器

在Groovy里通过each执行内部迭代器的时候,可以向迭代器传递一个闭包对象。

Main.groovy
```groovy
public class Main {
  static def main(args) {
    def hello = { name -> "Hello $name" }
    [hello("World"), hello("Taichi")].each( { m ->
      System.out.println(m)
    })
  }
}
```

◎ 调用方法时可省略圆括号

在上面的代码里，调用each方法那部分的圆括号稍显冗长。其实在Groovy里，进行方法调用时可以省略最外层的圆括号。省略圆括号是使用Groovy进行DSL编码时经常使用的技巧，不过Java程序员对这个技巧可能会不太习惯。

Main.groovy
```
public class Main {
  static def main(args) {
    def hello = { name -> "Hello $name" }
    [hello("World"), hello("Taichi")].each { m ->
      System.out.println(m)
    }
  }
}
```

◎ 省略形参和it变量

在Groovy里进行闭包定义的时候，可以省略形式参数。这时候在闭包体内可以通过it变量来访问第一个形参。

Main.groovy
```
public class Main {
  static def main(args) {
    def hello = { name -> "Hello $name" }
    [hello("World"), hello("Taichi")].each {
      System.out.println(it)
    }
  }
}
```

 使用特殊的命名空间

尽管上面的代码已经足够精简了，但是标准输出部分还是略显冗长，有点格格不入的感觉。Groovy里可以使用全局命名空间类DefaultGroovyMethods[④]来解决这个问题。这个类里给那些常用的方法都定义了非常方便的快捷方式，比如println等。

Main.groovy
```
public class Main {
  static def main(args) {
    def hello = { name -> "Hello $name" }
    [hello("World"), hello("Taichi")].each { println(it) }
  }
}
```

这个类里还定义了很多的方法，各位读者可以自己去查看一下。

 作为脚本文件使用

最后我们再把具有强烈Java风格的class定义和main方法也都一并删除，这样这段代码就变为普通的脚本文件了，当然这个文件仍然可以像上面那样执行。

Main.groovy
```
def hello = { name -> "Hello $name"}
[hello("World"), hello("Taichi")].each { println(it) }
```

现在，各位读者一定已经能够理解Groovy对于Java程序员来说是多么方便易用了吧？尽管Groovy能通过省略关键字、各种标记符号来减少代码量，但是对于不熟悉Groovy语法的程序员来说，这点反而会带来理解上的困难。而另一方面，如果能熟练使用GString、闭包等功能的话，就能使用Groovy写出非常清晰、灵活的代码。

什么是Gradle

在了解了如何编写Groovy代码之后，我们来介绍一下Gradle。Gradle是由Gradleware公司[⑤]首席执行官Hans Dockter[⑥]领导的一个始于2008年的项目，Gradleware现在也是Gradle的主导者。Gradle吸取了Ant和Maven的优点，并使用Groovy语言通过DSL来编写构建脚本。

Ant的优点是架构简单，以及作为一个得到广泛应用的Java项目的构建工具，有着很多可以沿用的优良资产。为了继续发挥Ant的这些优势，Gradle提供了使用Ant的插件，并能够直接执行为Ant编写的构建脚本。

Maven的优点是提供项目的标准目录结构，以及可以将构建成果部署到中央仓库（Central Repository）等Maven仓库里。Gradle只需要通过编写简单的代码即可继续使用所有现存的Maven仓库。

---

④ http://groovy.codehaus.org/gapi/org/codehaus/groovy/runtime/DefaultGroovyMethods.html

⑤ http://www.gradleware.com/
⑥ http://www.gradleware.com/about/team/hans-dockter

Gradle 让构建更高效

截至本文编写时（2013年7月），Gradle的最新版本是1.6。

安装Gradle

配置环境变量

首先，为了能运行Gradle，我们需要先设置一下JAVA_OPTS环境变量。这里我们主要设置了JVM可用的内存使用量，以及访问网络需要的代理服务器。

```
> set JAVA_OPTS=-Xms128m -Xmx4096m -Dhttp.proxyHost=proxy.
example.jp -Dhttp.proxyPort=8080 -Dhttps.proxyHost=proxy.
example.jp -Dhttps.proxyPort=8080  实际为1行
```

上面的命令都在一行上，实际输入时没有换行。

如果不通过代理而是直接访问网络的话，代理配置可以省略。

显式安装

如果是在项目中初次使用Gradle，那么就像使用其他软件一样，首先从官方网站上下载一个发布版本并在本地解压，然后将包含可执行脚本的目录加入到PATH环境变量中就可以了。访问gradle.org，点击主页上的下载按钮即可开始下载（图1）。

隐式安装

如果所在的项目已经使用了Gradle，那么可以使用Gradle Wrapper[7]功能来安装Gradle。

◎ 创建build.gradle文件

运行Gradle命令的时候可以指定一个指向构建脚本路径的参数，如果没有指定这个参数的话，就会使用当前目录下的build.gradle文件去执行构建任务。

---

[7] Gradle Wrapper的出现使得即使没有安装Gradle的机器也能正常进行项目构建任务。如果机器上没有安装Gradle的话，Gradle Wrapper将会自动下载合适的版本并安装Gradle，然后再运行相应的任务。关于Gradle Wrapper的详细信息可以参考http://www.gradle.org/docs/current/userguide/userguide_single.html#gradle_wrapper。——译者注

▼图1　Gradle

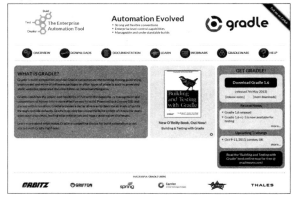

所以，我们会将第一个wrapper任务记述到build.gradle里。任务是Gradle的最小执行单位，和Ant中的任务很像。wrapper任务的作用是为项目中的其他成员生成同一版本的Gradle资源文件。

build.gradle
```
task wrapper(type: Wrapper) {
    gradleVersion = 1.6
}
```

◎ 执行gradle wrapper

然后，在build.gradle文件所在的目录下执行如下命令。

```
> gradle wrapper
```

wrapper任务执行成功的话，会生成下面4个文件。

- .gradle

  这个文件里保存了执行build.gradle时Gradle产生的临时内容。由于这个文件变更频繁，所以不需要将其放到SCM（Software Configuration Management，软件配置管理）的管理之下

- gradlew 和 gradlew.bat

  为了使用Gradle Wrapper工具而产生的脚本文件，分为UNIX OS用和Window OS用两个版本

- gradle /wrapper/gradle-wrapper.jar

  因为是没有外部依赖、能够直接运行的

JAR（Java Archive）文件，所以如果系统还没有安装 Gradle 的话，这个 JAR 会先下载并安装 Gradle。如果系统已经安装了 Gradle 的话，则会直接使用已经安装的 Gradle

- gradle /wrapper/gradle-wrapper.properties
  gradle-wrapper.jar 执行时所需要的配置文件

◎ 验证是否正常安装

为了验证 Gradle Wrapper 是否能正常工作，执行下面的命令。

```
> gradlew tasks
```

如果这时候 Gradle 还没有安装的话，这个命令会先将 Gradle 下载到本地进行安装，然后再执行 tasks 任务。执行 tasks 任务后就可以查看当前可以执行的任务列表以及任务的简单说明。

在安装好 Gradle 之后，就将 wrapper 任务生成的 4 个文件加入到 SCM 的管理中，和其他团队成员一起来使用 Gradle 吧。本文后面的部分将会使用 Gradle Wrapper 来进行说明。

在前面执行 wrapper 任务的时候，我们使用了 gradle 命令，这个命令会执行 PATH 环境变量里的 Gradle。而如果只是想运行 Gradle Wrapper 的话，使用项目根目录下的 gradlew 命令就可以了。

如何使用 Gradle

下面，我们通过编写 Web 应用的构建脚本来说明 Gradle 的基本使用方法。

 ### 目录结构

Gradle 默认使用如同图 2 所示的目录结构。虽然这种结构的修改也十分简单[8]，但是在本文中我们将不做任何修改直接使用。

要想生成这样的目录结构，可以使用 initdirs 任务。

---

[8] http://www.gradle.org/docs/current/userguide/java_plugin. html#N11FDB

build.gradle
```
apply plugin: 'java'
apply plugin: 'war'

task initdirs << {
  sourceSets*.allSource.srcDirs.flatten()*.mkdirs()
  webAppDir.mkdirs()
}
```

在这个构建脚本里，首先要给项目添加 java 和 war 两个插件，这样就可以使用编译 Java 源代码以及打包 WAR 文件的任务了。

然后，我们可以通过如下命令生成目录结构。

```
> gradlew initdirs
```

 ## 分拆构建脚本

根据任务内容和作用的不同，我们可以对构建脚本进行分拆，以此来保证脚本具有良好的可读性。

比如我们可以将之前创建的 wrapper 和 initdirs 任务移动到新生成的 gradle /misc.gradle 里。

gradle /misc.gradle
```
task wrapper(type: Wrapper) {
  gradleVersion = 1.6
}
task initdirs << {
  sourceSets*.allSource.srcDirs.flatten()*.mkdirs()
  webAppDir.mkdirs()
}
```

然后对 build.gradle 文件进行改写。

build.gradle
```
apply plugin: 'java'
apply plugin: 'war'

apply from: file('gradle/misc.gradle')
```

▼ 图2　Gradle 项目标准的目录结构

misc.gradle 里可以存放一些使用频率很低、被其他项目成员忽略也无所谓的任务。

 ### 集成到IDE中

下面，我们要在 Eclipse 环境下使用 Gradle 进行项目开发。首先，在构建脚本里加入以下内容来生成引入 Eclipse 的插件。

build.gradle
```
apply plugin: 'eclipse'
```

修改构建脚本之后，就可以执行下面的命令。

```
> gradlew eclipse
```

这条命令会为 Eclipse 项目生成下面3个必要的文件。

- settings /org.eclipse.jdt.core.prefs
- classpath
- project

这些文件和本机环境的关联比较紧密，所以不要放在 SCM 的管理之下。

 ### 指定兼容Java版本和字符编码

现在我们来设置 Java 代码的版本兼容性和字符编码。下面的代码将 Java 的源代码兼容版本以及可以运行的 JVM 版本都设置为 Java 7，并且将项目里所有源代码文件的编码方式都设置为 UTF-8。

build.gradle
```
sourceCompatibility = targetCompatibility = 1.7
tasks.withType(AbstractCompile) each {
  it.options.encoding = 'UTF-8' }
```

 ### 配置依赖仓库

下面该配置下载程序库的仓库了。通过 mavenCentral() 命令可以声明对中心仓库的依赖关系，也可以通过 mavenRepo 来定义对其他的 Maven 仓库的依赖关系。下面的代码同时引用了两个依赖库：中央仓库和 jboss.org 的公开 Maven 仓库。

build.gradle
```
repositories {
  mavenCentral()
  mavenRepo(url: 'http://repository.jboss.org'
    + '/nexus/content/groups/public')
}
```

 ### 配置依赖类库

接下来我们要配置依赖类库（Library）。Gradle 可以根据项目的实际情况来指定对其他类库的依赖关系。

如果是项目直接依赖、并且能够打包到 WAR 文件的库，可以使用 compile 指令（方法）来配置。像 Servlet API 等由应用服务器实现、并不需要打包到 WAR 里面的库，则可以使用 providerCompile 指令来配置。使用 exclude 指令可以防止由项目所依赖的库同时依赖其他库而导致的传递（tyansitive）依赖问题。如果只是测试代码需要的库依赖，则可以使用 testCompile 指令。下面是一个配置了类库依赖关系的代码段。

build.gradle
```
dependencies {
  def resteasy = '3.0-beta-4'
  compile 'org.slf4j:slf4j-simple:1.6.1'
  ['jaxrs', 'jackson-provider'].each {
    compile ("org.jboss.resteasy:resteasy-$it:$resteasy") {
      exclude group: 'org.slf4j' }
  }
  providedCompile 'javax.servlet:javax.servlet-api:3.0.1'
  testCompile 'junit:junit:4.+'
  testCompile ("org.jboss.resteasy"
    + ":resteasy-client:$resteasy")
  testCompile ("org.jboss.resteasy:tjws:$resteasy") {
    exclude group: 'javax.servlet'
  }
}
```

描述依赖库的字符串，由 GroupId、ArtifactId 和 Version 三部分组成，各部分之间由冒号分隔。

我们可以利用 The Central Repository Search Engine [9] 或者 Maven Repository [10] 这两个网站来确认依赖库的详细信息。

---

[9] http://search.maven.org/
[10] http://mvnrepository.com/

◎ **详细说明类库依赖关系**

这里我们仔细看一下上面的脚本都定义了哪些依赖关系。

首先定义的是对库slf4j的依赖关系。compile是可以在传递给dependencies的闭包里调用的方法。这一行代码通过传递给compile方法一个字面值来定义了库依赖关系。

接着定义了一个包含jaxrs和jackson-provider两个元素的List，并调用了List的each方法，在传递给each的闭包里，分别把这两个元素传递给了compile方法。在闭包里调用compile方法时，会传递给它一个GString类型的字符串。在上面的脚本中，为了声明对RESTEasy的依赖关系而使用的GString里调用了两个变量，一个是传递给each方法的闭包中的it变量，这个变量设定为jaxrs或jackson-provider；另一个就是在each外部、通过dependencies定义的变量resteasy。compile也接收了一个闭包参数，在这个闭包里调用了exclude方法。在调用exclude方法的时候，不仅省略了最外层的"()"，而且作为参数的map结构的"[]"也被省略了。

总结一下这段代码所完成的工作就是定义了对org.jboss.resteasy:resteasy-jaxrs:3.0-beta-4和org.jboss.resteasy:resteasy-jackson-provider:3.0-beta-4的依赖关系，并且都禁止了对GruopId为org.slf4j的传递依赖。

◎ **定义不需要打包到WAR里的库依赖关系**

如果使用providedCompile方法定义了依赖关系，编译时会将Servlet API的JAR文件放到classpaht里，但是在打包成WAR文件的时候则不会将Servlet API的JAR文件打进去。

上文的脚本在使用testCompile进行依赖关系定义时，在指定版本号的地方使用了"+"，这是注明使用JUnit 4最新版本的意思。在运行Gradle时，会查询是否有新版的库存在，如果有则自动下载并使用。关于版本号的详细说明，请参考Ivy的相关文档[11]。

---

⑪ http://ant.apache.org/ivy/history/latest-milestone/settings/version-matchers.html

◎ **更新Eclipse项目配置**

在声明了类库依赖关系之后，我们应该在Eclipse里更新一下项目配置。

```
> gradlew cleanEclipse eclipse
```

如果这个任务正常结束的话，Eclipse的workspace就会更新，依赖的库也会被加入到项目中去。

 实现源代码

现在我们已经做好了编译的准备，下面就开始实现Web应用的源代码。本文为了尽量减少示例代码量，准备实现一个简单的、基于Java EE 7 JAX-RS 2.0技术的Web应用。

◎ **实现Model类**

首先要实现的是能够进行JSON格式序列化的Model类和Resource类。

能够以JSON格式序列化的Model代码就是一个普通的JavaBeans类。

src/main/java/jp/example/Example.java
```java
package jp.example;

public class Example {
  String name;
  public Example() {}
  public Example(String name) {
    this.name = name;
  }
  public String getName() {
    return name;
  }
}
```

◎ **实现Resource类**

Resource的代码是添加了遵循JAX-RS的注解（Annotation）功能的类。

src/main/java/jp/example/ExampleResource.java
```java
package jp.example;

import javax.ws.rs.*;
import javax.ws.rs.core.*;

@Path("/example")
public class ExampleResource {
  @GET
  @Produces(MediaType.APPLICATION_JSON)
  public Response index() {
    return Response.ok(new Example("Hello")).build();
  }
}
```

◎ 编译 Model 和 Resource 类

将上述代码保存到合适的目录，然后执行以下命令。

```
> gradlew classes
```

顺利的话，这个命令会对源代码进行编译，并将编译结果的 .class 文件保存到 build/classes/main 中。因为每次运行 Gradle build 目录下的内容都会更新，所以 build 目录也不应该放到 SCM 的管理之下。

 ## 测 试

成功编译源代码后，我们就可以开始写测试代码了。

◎ 实现测试代码

Resource 类的测试代码，可以通过继承在 RESTEasy 中实现的、专门用于单元测试的类来实现。之所以是基于 RESTEasy 来实现单元测试而不是基于 JAX-RS，是因为 JAX-RS 并不支持将测试对象代码部署到微型应用服务器上并进行单元测试。继承 BaseResourceTest 类之后，就会在与运行 JUnit 的 JVM 相同的程序中创建一个简易版的服务器，并将资源部署到这个服务器。

src/test/java/jp/example/ExampleResourceTest.java

```java
package jp.example;

import static org.junit.Assert.assertEquals;
import javax.ws.rs.client.*;
import javax.ws.rs.core.Response;
import org.jboss.resteasy.test.*;
import org.junit.*;

public class ExampleResourceTest
                    extends BaseResourceTest {
  @BeforeClass
  public static void beforeClass() throws Exception {
    addPerRequestResource(ExampleResource.class);
  }
  @Test
  public void index() throws Exception {
    Client c = ClientBuilder.newClient();
    String u = TestPortProvider.generateURL("/example");
    WebTarget target = c.target(u);

    Response r = target.request().get();
    assertEquals(200, r.getStatus());
    Example e = r.readEntity(Example.class);
    assertEquals("Hello", e.getName());

    r.close();
    c.close();
  }
}
```

◎ 编译测试代码并运行

将上述测试代码保存到合适的地方之后，就可以运行下面的命令来执行测试用例了。

```
> gradlew test
```

如果构建脚本没什么问题，测试代码的执行也成功的话，Gradle 就会创建出如图 3 所示的目录结构。build/reports/tests 目录下面存放的是 HTML 格式的测试结果报告，如图 4 所示，报告的内容非常容易理解。build/test-results 目录下面存放的是供 Jenkins 等其他工具使用的各种文件。

 ## 打 包

单元测试代码已经完成了，下一步就是打包 WAR 文件了。

当然在打包之前必须先建立一个 web.xml 文件。

src/main/webapp/WEB-INF/web.xml

```xml
<?xml version="1.0" encoding="UTF-8"?>
<web-app>
  <display-name>Example Web Application</display-name>
  <context-param>
    <param-name>resteasy.scan</param-name>
    <param-value>true</param-value>
  </context-param>
  <servlet>
    <servlet-name>jaxrs</servlet-name>
    <servlet-class>
        org.jboss.resteasy.plugins.server.servlet.HttpServletDispatcher
    </servlet-class>
  </servlet>
  <servlet-mapping>
    <servlet-name>jaxrs</servlet-name>
    <url-pattern>/*</url-pattern>
  </servlet-mapping>
</web-app>
```

为了在没有实现 JAX-RS 的 Servlet 容器中部署我们的示例应用，以上代码只进行了必要的、最

▼ 图3　测试结果的目录结构

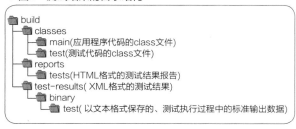

▼ 图4　测试结果报告

低限度的配置。将web.xml文件保存到适当位置后，就可以执行以下命令了。

```
> gradlew war
```

如果web.xml文件没有问题的话，打包工作就会正常结束。这时候会新创建一个build/libs目录，并将打包好的WAR文件保存到这个目录下面。

 部　署

在WAR文件生成之后，我们就可以将其部署到Servlet容器上了。

在Gradle里可以使用标准的jetty插件来启动服务器。下面的代码描述了如何配置一个启动Jetty的任务。

build.gradle
```
apply plugin: 'jetty'
jettyRun.contextPath = jettyRunWar.contextPath = ''
```

为了便于说明，在这里我们将ContextPath设置为空，即应用部署是在服务的根路径下进行的。

通过执行下面的jettyRun任务，就可以启动Jetty服务器了。

```
> gradlew jettyRun
```

服务器启动后，我们可以在浏览器中打开http://localhost:8080/example。如果应程序用正常运行，就会在浏览器上看到服务器返回的JSON结果。如果想要停止服务器的运行，则可以在控制台上按下 CTRL + C。

总　结

本文虽然篇幅不长，但还是在简单介绍Goovy的基础上，说明了使用Gradle对Web应用程序编译、测试、部署等操作进行自动化的构建脚本。相信现在大家对在Web应用开发中如何使用Gradle进行日常工作也有了一定的了解。

虽然本文是以开发Web应用程序为例进行了说明，但是Gradle还有很多功能也很好用。大家可以自行登录Gradle的官网http://gradle.org/，去查看一下Gradle还有哪些功能以及那些功能的使用方法。

SpringSource[12]、Hibernate[13]等著名开源软件以及由Netflix[14]和LinkedIn[15]等大公司主导的开源软件，都已经采用了Gradle作为其构建系统[16]。笔者希望各位读者也能够通过采用Gradle构建系统，对工作进行自动化处理，从而提高自己开发工作的效率。

---

[12] https://github.com/springsource
[13] https://github.com/hibernate/hibernate-orm
[14] https://github.com/netflix
[15] https://github.com/linkedin/rest.li
[16] 在Google I/O 2013大会上，谷歌也宣布开源智能手机操作系统Android将采用Gradle构建系统。详情参见 https://developers.google.com/events/io/sessions/325236644。——译者注

文/登尾德诚 NOBORIO Tokusei
Nyampass 股份有限公司
Mail tokusei@nyampass.com
URL http://nyampass.com/
Twitter @tnoborio
译/唐洪军

Android Studio
速评！

大家好，我是 Nyampass 的登尾。本期我们把目光转向 Android，介绍一个叫作 Android Studio 的全新开发环境。

什么是Android Studio

Android Studio[1] 是一个基于 IntelliJ IDEA[2] 的 Android 开发环境。

这个开发环境是在 2013 年 5 月 14～17 日举行的 Google I/O 2013 大会上发布的。顺便说一句，笔者之前曾经使用过 IntelliJ IDEA 进行 Android 的应用开发，觉得它十分好用。

本文所使用的是 Android Studio 0.2.0 试用版，与刚刚发布的正式版稍有不同，还有一些功能尚未实现，一些套件还存在问题。另外版本还在不断更新中，大家使用的版本可能和本文（2013 年 7 月）所使用的版本不同，所以最好确认一下最新的版本信息[3]。

什么是IntelliJ IDEA

首先简单介绍一下 Android Studio 的基础——IntelliJ IDEA。

IntelliJ IDEA 是由 JetBrains 公司提供的 IDE（Integrated Development Environment，集成开发环境）。该环境不仅支持 Java，目前还可以通过插件支持 Python、JavaScript、Scala、Clojure 等

---

① http://developer.android.com/sdk/installing/studio.html
② http://www.jetbrains.com /idea/
③ http://developer.android.com/sdk/installing/studio.html

多种语言。另外，从 IntelliJ IDEA 派生出的几个优化的集成开发环境还可以专门支持几种特定的语言（表1）。笔者调查了一下，现在针对个人开发的 RubyMine 已经可以支持 Rails 4 了，并且还配置了 CoffeeScript 的调试程序，其支持语言的完美程度着实令人惊叹。

另外，如前文所述，笔者自身的经验还证明了利用 IntelliJ IDEA 独自进行 Android 应用开发也没有任何问题。

➜ 特征

IntelliJ IDEA 具备以下几个特征。

- 优秀的代码支持功能
- 强大的重构功能
- 以工程为基础的管理

另外，生成代码的各种操作方法也很丰富，是值得开发人员珍惜的工具。

➜ 版本

有付费版 IntelliJ IDEA Ultimate 和 OSS 版 IntelliJ IDEA Community Edition 两种。开源版的许可证是 Apache License 2.0。

付费版和开源版的区别是付费版可以支持

▼ 表1　IntelliJ IDEA 派生出的 IDE

名称	支持语言	URL
ReSharper	C#、VB.NET	http://www.jetbrains.com/resharper/
AppCode	Objective-C	http://www.jetbrains.com/objc/
RubyMine	Ruby	http://www.jetbrains.com/ruby/

▼ 图1　安装时的确认画面

▼ 图2　Android SDK Manager

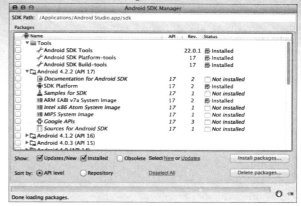

Spring、Play FrameWork、Struts 等框架，Tomcat、JBoss 等服务器，也支持 PHP、ActionScript 等语言[④]。

安装和设定

Android Studio 可以从网站[⑤]直接下载。

➡ 安装方法因操作平台的不同而异

◆ Mac 版

因为打开 dmg 文件，程序就会自动在 Finder 中加载运行，所以只需将 Android Studio 的图标拖曳到 Applications 文件夹中后启动即可。

◆ Windows 版

启动下载好的 exe 文件，根据安装窗口的提示进行安装。

对于一些已经安装了 Java 的 Windows 系统，可能会出现找不到启动脚本的问题。在这种情况下，需要设定一下环境变量。按照计算机→属性→系统保护→高级→环境变量的顺序，打开环境变量的窗口，在"系统变量"下点击"新建"按钮。根据自己的 JDK 目录新建一个 JAVA_HOME 的环境变量，比如 "C:\Program Files\Java\jdk1.7.0_21" 等。

◆ Linux 版

解压下载的 tar 文件到 android-studio/bin 的

目录下，执行 studio.sh。给环境变量 PATH 添加 android-studio/bin，这样在任何目录下都可以直接启动 Android Studio 了。

➡ 导入方法

本文以 Mac 版的导入方法为例进行讲解。打开 Applications 里的 Android Studio，就会显示如图 1 所示的确认画面。初次启动时不需要延续 Android Studio 以前版本的设定，因此只需要按照默认选项，点击 OK 就可以了。

➡ 设定 Android SDK

Android SDK 是与 Android Studio 绑定在一起的，而 Mac 版本身也带有 Applications 的 SDK 目录。点击 🔲 图标就可以启动 Android SDK Manager（图 2）。根据工程的需要，选择必要的 SDK 进行安装[⑥]。因为稍后我们就要进行示例工程，所以这次就直接利用已经安装好的平台 Android 4.2.2（API 17）。

如果已经导入了 Android SDK，可以通过下面的方法切换到其他版本。

File 菜单→Project Strcture→Plagform Settings 的 SDK→Andriod SDK home path

---

④ 请通过下面的 URL 确认详细内容。
　http://www.jetbrains.com/idea/features/editions_comparison_matrix.html

⑤ http://developer.android.com/sdk/installing/studio.html#download

---

⑥ 在新建工程之后，大家可以亲自体验一下新建工程/导入的画面。

显示 Project Structure 时，因为还没有提供工程的 UI 对程序库和源文件夹进行设定，所以会出现提示开发人员需要对 build.gradle 文件进行设定的警告。

→ **设定快捷键，让操作更加轻松**

通过 Prefereences 的 Keymap 栏，可以选择快捷键的种类和对其进行个性设定。笔者平常使用的是 Emacs，所以从快捷键列表中选择了 Emacs。虽然对每个 key 进行了个性设定后也能

够任意改动，但通过 Emacs 自定义，能够使用 Ctrl + Space 开始选择，而且用 Cmd + W 复制选中的内容时，也会觉得快捷键真的很方便。

快捷键有 Mac OS X 10.5+ 和 Mac OS X 两种，根据 IntelliJ IDEA 的说明，只能使用 Mac OS X 版的 IntelliJ IDEA 时，建议大家使用 Mac OS X 10.5+ 版的快捷键。而跨平台使用 IntelliJ IDEA 时，则可以选择 Mac OS X，这样就能进行一些共通的操作。估计基于 IntelliJ IDEA 的 Android Studio 的情况也是一样的。

Android 工程的创建方法

正因为 Android Studio 是为了开发 Android 应用而制作的工具，所以能够以对话窗口的形式轻松地进行工程初期的设定。

我们来试着用 Android Studio 开发一个能在真机上显示的 Hello World 工程。首先选择 New Project，在 Application Name 里输入 Hello World，余下的步骤按照对话框的默认设定，按顺序点击 Next 就可以了。

❶ 选择应用名称、目标 SDK 的版本、主题等（图 3）
❷ 设定图标（图 4）
❸ 选择 Activity 的种类（图 5）
❹ 选择 Activity 的名称和布局（图 6）

对话窗口结束后，Hello World Project 的工程也就完成了。然后用 USB 连接 Android 的终端，选择 Run 菜单→Run，开始编译后就会出现图 7 那样的选择画面，点击 OK 按钮就可以在终端上执行了。执行成功的话，屏幕上就会显示出 Hello World（图 8）。

想要程序能够执行，终端上的 USB 调试需要在 ON 的状态，所以需要提前在终端上完成设置。另外，如果想在模拟器上执行，可以选择 Run 菜单→Edit Configurations，然后从 Target Device 中选择 Emulator。

▼ 图 3　设定应用名等

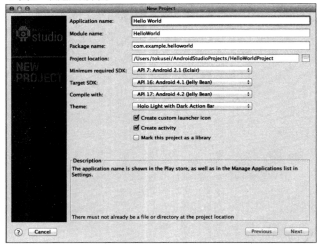

▼ 图 4　设定图标

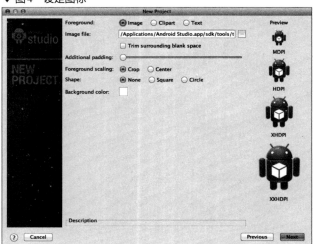

▼图5 选择Activity的种类

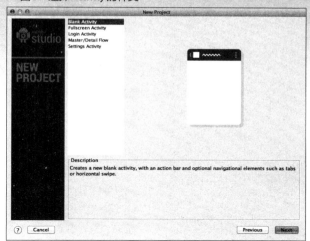

▼图6 选择Activity的名称和布局

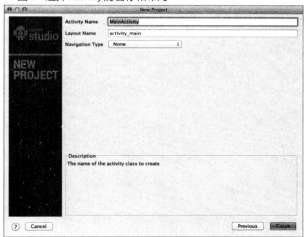

▼图7 Hello World 工程执行时的选择画面

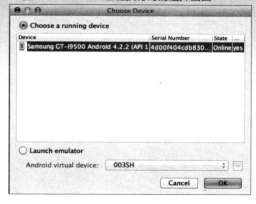

▼图8 终端上的执行画面

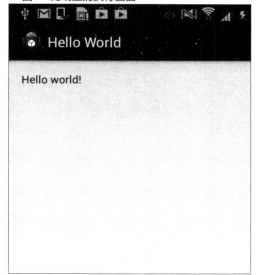

使用 Android Studio 开发应用的特点

Android Studio 的界面有以下几个特点。

- 基于 Gradle[7] 的编译[8]
- Android 特有的重构和快速修正[9]
- 提供可以解决性能、易用性、版本兼容性等问题的 Lint 工具
- 同时支持 ProGuard 混淆器和应用程序签名
- 以基于模板的对话窗口为向导生成 Android 的设计和组件
- 丰富的布局编辑器

对于开发人员来说，IntelliJ IDEA 已经是非常好用的 IDE，而 Android Studio 在它的基础上又集成了强大的 Gradle 编译工具和丰富的布局编辑器，这对于 Android 应用开发来说正是如虎添翼的事情，大大减轻了开发的负担。

下面，我们结合 Android Studio 的各个功能介绍一下它的独特之处。

---

⑦ http://www.gradle.org/
⑧ Gradle 方面的内容请参考本期杂志中《Gradle 让构建更高效》一文。
⑨ 修正代码的功能。

▼ 图9　调试版应用的安装

```
~/AndroidStudioProjects/MyApplicationProject $ ./gradlew iD
The TaskContainer.add() method has been deprecated and is scheduled to be
removed in Gradle 2.0. Please use the create() method instead.
:MyApplication:prepareDebugDependencies
:MyApplication:compileDebugAidl UP-TO-DATE
:MyApplication:generateDebugBuildConfig UP-TO-DATE
:MyApplication:mergeDebugAssets UP-TO-DATE
:MyApplication:compileDebugRenderscript UP-TO-DATE
:MyApplication:mergeDebugResources UP-TO-DATE
:MyApplication:processDebugManifest UP-TO-DATE
:MyApplication:processDebugResources UP-TO-DATE
:MyApplication:compileDebug UP-TO-DATE
:MyApplication:dexDebug UP-TO-DATE
:MyApplication:processDebugJavaRes UP-TO-DATE
:MyApplication:validateDebugSigning
:MyApplication:packageDebug UP-TO-DATE
:MyApplication:installDebug1249 KB/s (244941 bytes in 0.191s)

    pkg: /data/local/tmp/MyApplication-debug-unaligned.apk
Success

BUILD SUCCESSFUL

Total time: 9.482 secs
```

由命令行进入 Project 的目录，然后输入下面的命令⑬。

```
$ ./gradlew tasks
```

通过这个命令，我们能够确认哪些任务可以执行。比如，可以使用 installDebug 命令安装调试版应用程序，也可以使用 uninstallDebug 命令来卸载它们。而且采用省略的写法，比如用 iD 来代替 installDebug 也没有问题，这两个命令的效果是一样的（图9）。

除此之外，Gradle 还有其他的功能。

→ Gradle 编译系统

◆ Gradle 的特征

Gradle 是一种全新的编译工具，它具有以下特点。

- 编译的逻辑是使用 Groovy 的 DSL（Domain Specific Language，领域特定语言）来记述的
- 通过 Maven⑩、Ivy⑪ 来进行依赖管理
- API 与 IDE 相统一

虽然现在还不能在 Android Studio 的设定画面中对 Gradle 进行设定，但直接对 Gradle 文件进行修改也没有问题。

◆ Gradle 的功能

我们通过实践来看看 Gradle 的功能吧。在 Android Studio 上新建工程后，就可以使用 gradlew 命令⑫了。

· 更改包名

Gradle 可以在更改 Android 应用包名后继续进行编译。比如，区分开调试版和正式版的包名后，就可以在一台设备上同时安装两个版本

· 自动签名

可以对特定的版本设定自动签名，这个功能在项目组共同开发时十分有用

· 区分不同版本

能够自动区分同一工程下不同的应用版本。比如划分出免费版、收费版或者是有特殊功能的版本等，应对实际开发业务时可能遇到的各种情况

此外，Gradle 还可以记录编译时的设定信息，比如创建工程时 Gradle 文件如代码清单1所示。通过这个文件，我们可以知道编程时使用的 SDK 版本是17（Android 4.2、4.2.2），应用程序使用的 SDK 最低版本要求是7（Android 2.1.X），而目标 SDK 版本则是16（Android 4.1、4.1.1）。

---

⑩　http://maven.apache.org/

⑪　http://ant.apache.org/ivy/

⑫　这是使用 Mac 时输入的命令。使用 Windows 时需输入 gradlew. bat。

⑬　后面都默认是 Mac 环境，Windows 的环境请替换为 gradlew. bat。

方便的画面布局

对个人开发来说，Android Studio最方便的功能大概就是它的布局功能了。如果想要可以同时验证多个设备的布局，就可以通过Preview All Screen Size模式，如图10所示那样实时预览各种屏幕尺寸的显示效果。

回到我们刚才新建的Hello World工程，在左边的工程结构中选择Hello World→src→main→res→layout→activity_main.xml，切换为Text模式后，点击图10中预览画面上部标记出来的图标，就是选择了Preview All Screen Sizes，这时所有的屏幕尺寸就都能显示出来了。

最优化的代码补全功能

IntelliJ IDEA本身就具有非常完备且易用的代码自动补全功能。尽管这方面Android Studio没有再进行专门的设定，这里还是要介绍几个具体的例子。

◆快捷键

首先，通过 Ctrl + Space 可以显示自动补全的选项（图11）。除此之外还可以使用表2中

的快捷键。表3所列举的PDF中，根据不同的操作平台总结了IntelliJ IDEA的各种快捷键，熟练使用之前可以把这些PDF放在显眼的地方，以便随时参考。

◆向资源文件移动

虽然大部分情况是通过进入源文件来查

▼代码清单1 默认的build.gradle

```
buildscript {
    repositories {
        mavenCentral()
    }
    dependencies {
        classpath 'com.android.tools.build:gradle:0.4'
    }
}
apply plugin: 'android'

dependencies {
    compile files('libs/android-support-v4.jar')
}

android {
    compileSdkVersion 17
    buildToolsVersion "17.0.0"

    defaultConfig {
        minSdkVersion 7
        targetSdkVersion 16
    }
}
```

▼图10 确认多个设备

看源代码的，但按住 Cmd 键然后用鼠标点击 "R.layout.xxxx" 和 "R.id.xxxx" 等字段，就会直接移动到定义好的 XML 中。

→ 和 SDK 的统一

刚才已经提到过，Android SDK 是绑定安装的，除此以外还与执行应用的 Android 模拟器是配套的，所以操作起来很容易。

▼ 图11 自动补全

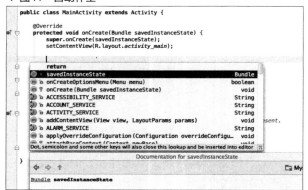

另外，在 IDE 内部还可以使用 Draw 9-patch 以 Nine Patch 形式对图像素材进行编辑，即使把图像扩大也能够清晰显示（图12），这点也十分方便。

调 试

点击工具栏上的图标即可启动 AVD Manager 并注册模拟器，当然并非局限于 Android Studio。

另外，通过 Run 菜单能够执行 Run 和 Debug 两种命令。Run 菜单下的 Edit Configuration 还可以设定调试是在通过 USB 连接着的真机上执行，还是在模拟器上执行。在这个菜单中，也有通过 AVD Manager 注册模拟器的选项。

版本管理工具

虽然 IntelliJ IDEA 支持很多版本管理工具，但 Android Studio 现在只支持 Git、Mercurial、Subversion 这几种管理工具。

▼ 表2 代码补全相关的快捷键

名称	MAC版	Windows版	说明
命令的检索和执行	Cmd + Shift + A	Ctrl + Shift + A	执行后会显示文档输入画面。输入 KeyMap，就会显示选择窗口。选择 Settings 的 KeyMap，按下回车键就能显示 KeyMap 的设定画面
快速修正	Option + Enter	Alt + Enter	修改代码上的问题
代码的格式化	Option + Cmd + L	Ctrl + Alt + L	代码格式化，让代码更易读，并且可以对修改范围（全部文件/目录下所有文件/优化导入）等，进行更细微的设定
显示文档	F1	Ctrl + Q	显示选中的方法、类的文档
显示选择的方法的参数	Cmd + P	Ctrl + P	在方法内部执行时，显示这个方法的参数信息
方法的生成	Cmd + N	Alt + Ins	显示生成方法的对话窗口。比如选择 Constructor，就会生成这个类的构造方法
删除行	Cmd + Delete	Ctrl + Y	删除光标所在行
根据名称检索	Option + Cmd + O	Ctrl + Alt + Shift + N	输入方法名和类名的一部分，就可以显示检索窗口，从而移动到程序中对应的部分
编译	Cmd + F9	Ctrl + F9	进行应用的编译
编译和执行	Ctrl + R	Shift + F10	进行应用的编译和执行
工程显示的切换	Cmd + 1	Alt + 1	左边页面中，工程显示和不显示的切换
Tab 的切换	Ctrl + ←、Ctrl + →	Alt + ←、Alt + →	可以切换已经打开的 Tab，移动文件非常方便

※ Mac 中 "Tab 切换模式" 和 "移动操作空间" 的快捷键可能会重复，可以通过把 OS 的快捷键设定为 OFF，或者更改 Android Studio 的快捷键来解决这个问题。

▼ 表3 IntelliJ IDEA 的快捷键

OS	URL
Windows、Linux版	http://www.jetbrains.com/idea/docs/IntelliJIDEA_ReferenceCard.pdf
Mac版	http://www.jetbrains.com/idea/docs/IntelliJIDEA_ReferenceCard_Mac.pdf

▼图12　Draw 9-patch

我们选择 Git 来试用一下。通过 VCS 菜单 → Enable Version Control Integration 就可以轻松完成容器，从版本管理工具的选择窗口中，选择 Git 后点击 OK，这样，在 VCS 菜单中就出现了一个叫作 Git 的条目。

我们还可以知道哪些文件没有被 Git 管理。点击 View 菜单 → Tool Windows → Changes 后，Changes 窗口就会显示在画面的底部，这里显示了没有被 Unversioned Files 管理的文件（图13）。此外在这里还可以进行 Git 的基本操作，比如，选择文件后右键单击，选择 Add to VCS 将文件添加到 Git 中，然后再选择 VCS 菜单下的 Commit Changes，这样就可以提交所做的操作。

▼图13　Unversioned Files

作为 IDE，IntelliJ IDEA 本身就很容易使用了，那么专门为开发 Android 而开发的 Android Studio 今后的功能也肯定会越来越完善，对 Android 开发人员来说，它会成为非常得力的工具之一。而关于 IOS 开发，大家可以使用表 1 所列举的 AppCode，即使是在 iOS 开发中，Android Studio 灵活的键盘操作，也会给开发人员留下很深的印象。

结　语

这一回给大家介绍了一下 Android Studio。Android Studio 已于近日发布了正式版。虽然在本文所使用的试用版中，还存在类似不能直接在设定画面上对某些功能进行设定这样的问题，但是使用它开发的话还是很方便的。

IDE 的好坏对开发效率有着很大的影响，以这次 Android Studio 的试用为契机，请大家一定也要尝试使用其他的 IDE，通过寻求最合适的工具，打造愉悦的开发时间。

Emerging Web Technology 研究室

第3回
使用serverspec
构建测试驱动基础设施架构

文/伊藤直也　ITO Naoya

URL http://naoya.github.com
mail i.naoya@gmail.com
Github naoya
Twitter @naoya_ito

译/kaku

本回将介绍通过代码实现服务器环境相关测试的自动化，即通过测试驱动的开发来构建基础设施架构[1]的方法。

开始写服务器结构的测试吧

还在用眼睛确认吗？

修改服务器的结构后，大家是如何确认修改结果的呢？还在用眼睛确认 Web 服务器在设置变更后是否正常运行吗？

即使使用了 Chef 这样的框架，在实际中应用 Chef 后还是有很多人用眼睛来确认修改是否被正确执行吧。

其实，像这样的日常工作肯定是可以自动化的，这时就需要测试出场了。在应用开发时必然要做的测试驱动开发，在服务器中同样也可以做。

要写服务器测试得有个支持它的框架吧。那就让我们来用一下作为服务器测试框架而备受瞩目的 serverspec[2] 吧。

何为 serverspec

serverspec 是测试服务器结构的 Ruby 框架。测试由 Ruby 的测试框架 RSpec 来写成。虽说是用 Ruby 来写，但实际上是和 Chef 一样的 DSL（Domain Specific Language，领域特定语言），所以不是很难。

serverspec 是由因运营 Paas（Platform as a Service）和托管而知名的、paperboy&co. 的宫下刚辅先生开发的 OSS（Open Source Software）。精通和 Chef 相同的配置框架 Puppet 的宫下先生，需要一个和 Puppet 一起使用的测试框架，于是他就开发了 serverspec 的契机。

serverspec 最初发布于 2013 年 3 月前后。由于它易于掌握、测试的写法很好、不依赖于特定的配置框架，因此很快获得了大量的关注。不仅在海外的学术会议中有过介绍，*Test-Driven Infrastructure with chef* [3] 这本书的修订版中也有相关解说，可以说在国内外 serverspec 都势如破竹。

serverspec 的测试

如前所述，使用 serverspec 的话服务器的测试可以使用 RSpec 来描述。

```
describe package('httpd') do
  it { should be_installed }
end

describe service('httpd') do
  it { should be_enabled }
  it { should be_running }
end
```

---

① 以下简称基础架构。——译者注
② http://serverspec.org/

③ Stephen Nelson-Smith 著，O'Reilly，2011

这是什么样的测试一目了然，是"httpd包已被安装，这个httpd有效并且正在运行"这一动作的测试。

接下来若执行rake命令，serverspec就会用ssh实际登录测试对象的客户端，执行httpd的测试。

```
% rake spec
```

是不是非常直观呢？

开始 serverspec

接下来介绍一下 serverspec 的详细构造。首先从导入开始吧。

准备验证用服务器

执行serverspec的导入之前，要先准备验证用的服务器。轮到上回介绍过的Vagrant出场了。

移动到任意工作目录并初始化后，执行vagrant up。

```
% vagrant init centos
% vagrant up
```

这样就会生成新的Vagrantfile，CentOS的VM也启动了。主机名就设为webdb吧。

serverspec 的导入

⊙ 安装

serverspec是作为Ruby的gem公开的，因此可以像平常那样通过gem来安装。serverspec是经由ssh登录对象主机进行测试的工具，所以并没有安装在测试对象的主机中，而是安装在运行测试的主机中。也就是说，笔者的操作环境不是刚才用Vagrant搭建的VM，而是手头的OS X。

当然也可以使用 gem install serverspec 直接安装，不过这里我们就用Bundler吧。

在生成了Vagrantfile的工作目录内，如下所示描述Gemfile并将其加入serverspec。Rake也是必要的，所以就一并写上吧。

```
source 'https://rubygems.org'

gem 'serverspec'
gem 'rake'
```

执行bundle命令安装就完成了。

```
% bundle
```

⊙ 测试的初始化

安装完成后，用serverspec-init命令来执行测试的初始化。发送命令后会出现对话提示，最后会在相应目录内完成Rakefile和测试的雏形。

```
% bundle exec serverspec-init
Select a backend type:

  1) SSH
  2) Exec (local)

Select number: 1

Vagrant instance y/n: y
Input vagrant instance name: webdb
 + spec/
 + spec/webdb/
 + spec/webdb/httpd_spec.rb
 + spec/spec_helper.rb
 + Rakefile
```

如上所示针对提示问题做出选择。

- 因为本次是经由ssh登录到Vagrant启动的VM上进行测试的，所以选择"1) SSH"
- 在"Vagrant instance y/n:"中，选择"y"
  - ◆ 为了省掉以Vagrant VM为测试对象的准备设置（主要是ssh），构建了spec_helper.rb
- 实例名为刚才决定的webdb

这样，准备工作就结束了。

serverspec 生成的测试

我们来看一下由serverspec初始化后生成的测试，就是spec/webdb/httpd_spec.rb这个文件。从路径名可以看出这是webdb主机用的httpd包（Apache）的测试。

```
require 'spec_helper'

describe package('httpd') do
  it { should be_installed }
end

describe service('httpd') do
  it { should be_enabled   }
  it { should be_running   }
end

describe port(80) do
  it { should be_listening }
end
```

```
describe file('/etc/httpd/conf/httpd.conf') do
  it { should be_file }
  it { should contain "ServerName webdb" }
end
```

测试的内容也是非常直观的，即 "httpd 已被安装且正在运行，端口 80 正在被监听，http.conf 中包含 "ServerName webdb" 字符串"。换言之，就是测试主机是否按照 Web 服务器预期设定的一样在运行。

 执行测试

马上来执行一下测试吧。测试可以使用 rake spec 来执行。这时 serverspec 的测试对象主机，会变为在相同目录下已启动的 Vagrant VM。

此时 Vagrant 的 VM 刚启动，连 Apache 都还没有安装，测试当然会失败。

```
% bundle exec rake spec
/Users/naoya/.rbenv/versions/2.0.0-p195/bin/ruby -S
rspec spec/webdb/httpd_spec.rb
FFFFFF

Failures:

  1) Package "httpd"
     Failure/Error: it { should be_installed }
       sudo rpm -q httpd
       package httpd is not installed
       sudo rpm -q httpd
       package httpd is not installed
       # ./spec/webdb/httpd_spec.rb:4:in `block (2
levels) in <top (required)>'
```

虽然测试失败了，但是可以肯定测试本身是可以执行的。

注意一下失败信息。虽然验证的是 it {should_be_installed }，但是尝试执行 rpm -q httpd 后却找不到 httpd，由此我们知道测试失败了。

 深入 serverspec

如上面的信息所示，serverspec 实际上是以 ssh 登录对象主机并执行各种 shell 命令，从输出信息判断测试是否正确的[4]。

例如检验包是否已安装使用了 rpm、检验服务是否有效使用了 chkconfig、检验服务是否已

---

④ 默认通过 ssh 的登录用户权限并附加 sudo 来执行命令。本回使用的是 vagrant 用户。

启动使用了 service，检验文件是否存在使用了 stat 命令，等等。

实际上，手动确认服务器结构时，使用相似工具的情况也很多。yum install 的话用 rpm -q 命令确认是否正确安装。用 ls 来确认文件是否存在，即和 stat 命令一样使用 stat(2) 系统调用来确认。将这些本来由人手动完成的日常作业自动化，并用 RSpec 描述得让人一目了然的正是 serverspec。

serverspec 虽然是通过 RSpec 从各种 shell 命令中抽象出来的，但经过抽象后不仅支持 Red Hat 系列，也支持 Debian GNU/Linux、OS X、Solaris、Gentoo 等多数的 OS/ 发行套件。

 通过测试

说完了 serverspec 的构成，现在我们实际运行 httpd 来通过测试吧。

CentOS 等一部分 Red Hat 系的发行套件，在测试时执行 serverspec 命令后找不到路径的情况偶尔会发生。所以需要事先在 spec/spec_helpr.rb 中加入路径设定。

```
RSpec.configure do |c|
  c.path = '/sbin:/usr/sbin' # 添加此行
```

接下来，在客户端 OS，即 Vagrant 的 VM 端准备 httpd。在此姑且使用 vagrant ssh 命令直接手动准备。

```
# 安装 Apache
$ sudo yum install httpd

# 使安装后的 apache 有效
$ sudo /sbin/chkconfig --level 345 httpd on

# 替换 httpd.conf 的 ServerName
$ sudo vi /etc/httpd/conf/httpd.conf
ServerName webdb

# 启动 httpd
$ sudo /etc/init.d/httpd start
```

修改构成后返回主机 OS 再次执行测试。

```
% bundle exec rake spec
/Users/naoya/.rbenv/versions/2.0.0-p195/bin/ruby -S
rspec spec/webdb/httpd_spec.rb
......

Finished in 3.59 seconds
6 examples, 0 failures
```

所有测试都通过啦！漏掉某些操作的话测试会失败，是哪些操作失误了也会很明了。这才像是真正的测试啊。

TIPS——设定RSpec

这里有一个关于RSpec的TIPS。

初始状态下的RSpec输出是单色且乏味无趣的。在和Rakefile相同的目录下做成.rspec文件，记入以下内容。

```
--color
--format d
```

测试结果就会加入绿色或红色。而且，测试输出的文档形式也更加方便用户使用。

serverspec的优点

从serverspec启动到测试通过，还一次都没有使用Chef。Web服务器的安装也是手动进行的。

这就意味着serverspec与Chef或其他配置框架是相互独立的。使用由Chef写成的recipe进行测试的工具或框架有很多，但像serverspec这样从Chef独立出来的几乎没有。因为serverspec与配置框架相互独立，所以像本次测试一样，在没有Chef的环境中可以使用。除此之外，在Chef构成的环境中也可以使用。

这就是说，如果将来想将用Chef构成的服务器换成用别的框架来重新构成时，测试毫不改动就可以继续使用，这是个很大的优点。测试可以单独运行是最好的，因此它不能过分依赖于作为对象的框架，而serverspec实现了这一点。

由于篇幅有限，这里不能一一介绍其他面向Chef的测试。但笔者在做了各种尝试后觉得，依存于Chef的其他工具虽然能够执行各种特殊的测试，但都有很多没有必要的冗长的部分。反观serverspec，简单而且够用，只是准确地对"用眼睛来确认Chef等构成的服务器"这点做了补充。因此serverspec也得到了具有灵活性（可以自由组合拼装）且使用简单的评价。

serverspec+Chef Solo 的测试驱动开发

那么，是时候停止手动构建服务器，用Chef Solo和serverspec来实践"测试驱动的Infrastructure as Code"了。

事先准备

首先来做准备工作。废弃刚才手动安装的VM，返回到全新的状态。

```
% vagrant destroy
% vagrant up
```

接下来安装Chef Solo必需的工具knife-solo和待会儿要介绍的Guard。把它们添加到Gemfile里。

```
source 'https://rubygems.org'

gem 'serverspec'
gem 'rake'
## 加入以下内容
gem "knife-solo", "~> 0.3.0.pre4"
gem 'guard'
gem 'guard-rspec'
```

使用Bundler安装之后，把当前目录作为Chef的保存目录初始化。

```
% bundle
% bundle exec knife solo init .
```

接下来，使用knife solo prepare将服务器设置为Chef Ready的状态。

```
% bundle exec knife solo prepare webdb
```

例1　nginx的测试

先用serverspec来测试一下上回用Chef安装的nginx吧。

删掉已经不需要的httpdspec.rb，新准备一个spec/webdb/nginx_spec.rb。

```
require 'spec_helper'

describe package('nginx') do
  it { should be_installed }
end
```

```
describe service('nginx') do
  it { should be_enabled    }
  it { should be_running    }
end

describe port(80) do
  it { should be_listening }
end

describe file('/etc/nginx/nginx.conf') do
  it { should be_file }
  it { should contain('nginx').after(/^user/) }
end
```

因为 Apache 和 nginx 是一样的 Web 服务器，所以测试的内容也大致相同。包名由 httpd 变为了 nginx，调查配置文件也变为了 nginx.conf 等。

验证配置文件内容时，有如下代码。

```
it { should contain('nginx').after(/^user/) }
```

这是在测试与正则表达式 /^user/ 符合的部分后面是否包含了字符串 'nginx'，即配置文件中的 user nginx 是否已被设置。

为了通过这个测试，我们来做个 recipe 吧。

⊙ 制作 cookbook

先用 knife cookbook create 制作 nginx cookbook。

```
% bundle exec knife cookbook create nginx -o site-cookbooks
```

⊙ 写 recipe

接下来在 site-cookbooks/nginx/recipe/default.rb 中写入 recipe。

```
package "nginx" do
  action :install
end

service "nginx" do
  action [ :enable, :start ]
end
```

这次安装包时加入的配置文件可以继续留用。

⊙ 添加到 Node 对象

recipe 完成后，不要忘了让该 recipe 执行的代码添加到 Node 对象（nodes/webdb.json）中。

```
{
    "run_list":[
        "recipe[nginx]"
    ]
}
```

⊙ 应用 recipe

应用 Chef，整合服务器状态。

```
% bundle exec knife solo cook webdb
```

⊙ 执行测试

应用 recipe 后，执行测试。然后测试应该就可以通过了。

```
% bundle exec rake spec
```

怎么样？应用程序开发所遵循的"先写测试再写代码"的流程，在基础架构中也实现了。如果将 Vagrantfile、Chef recipe、serverspec 的测试都提交到 Git 并共享的话，就可以和其他开发者共享这个代码化的基础构架。很厉害吧？

 例 2　添加 Git

来看一下其他的例子吧。

serverspec 当然也可以一次执行多种测试。我们来尝试添加一个 Git 的安装测试吧。新建 spec/webdb/git_spec.rb，记入以下内容。

```
require 'spec_helper'

describe package('git') do
  it { should be_installed }
end
```

本次只测试包是否被加入。若执行 rake spec，刚才准备好的 nginx 和 Git 两个测试中，应该只有 Git 的测试会失败。

让这个测试通过也是很简单的。只要做成 git cookbook，在 recipe 中安装包就可以了。

```
package "git" do
  action :install
end
```

 例 3　测试 ntp 的添加和设定

接下来我们执行 ntp（Network Time Protocol，网络时间协议）的测试看看。

```
require 'spec_helper'

describe package('ntp') do
  it { should be_installed }
end
```

```
describe package('ntpdate') do
  it { should be_installed }
end

describe service('ntpd') do
  it { should be_enabled    }
  it { should be_running    }
end

describe command('ntpq -p') do
  it { should return_exit_status 0 }
  it { should return_stdout /\.nict\./ }
end
```

▼图1　ntpq -p的执行结果

```
$ ntpq -p
     remote           refid      st t when poll reach   delay   offset  jitter
==============================================================================
 ntp-b2.nict.go. .NICT.           1 u    7   64    3  12.929  38.854  36.509
```

　　测试内容为确认ntp包和ntpdate包已加入、ntpd服务已启动。另外，由于还想将ntp服务从CentOS默认状态变更为ntp.nict.jp[5]，因此把这个也添加到测试中。

⊙ 资源类型

　　serverspec测试中的describe参数有package、service、command等，这些指示符统称为资源类型（Resource Type）。顾名思义，指示的是测试对象的资源的类型。

　　前面我们测试的都是包和服务的状态，所以使用了package和service。但现在想在ntp的测试中测试"执行ntpq -p命令后的输出中是否包含nict域"，所以就要使用command这个输出命令资源。资源类型指定为command后，就可以在测试中使用查看状态码的return_exit_status和捕获标准输出并调查其内容的return_stdout等。

　　ntpq -p的执行结果通常如图1所示。上文代码所测试的就是这个输出中是否包含.nict.的字符串。

⊙ 写recipe

　　为使上述测试通过，只要安装ntp，并应用设置了ntp.conf的recipe就可以了，这里的ntp.conf将服务器指定为ntp.nict.jp。

```
package 'ntp' do
  action :install
end

service 'ntpd' do
  action [ :enable, :start ]
end
```

---

⑤ 这是独立行政法人信息通信研究机构运营的公开ntp服务器。

```
template "/etc/ntp.conf" do
  owner 'root'
  group 'root'
  mode 0644
  notifies :restart, 'service[ntpd]'
end
```

　　用template准备好ntp.conf吧。将ntp的初始文件复制到ntp/templates/default/ntp.conf.erb，将server的设置部分

```
server 0.centos.pool.ntp.org
server 1.centos.pool.ntp.org
server 2.centos.pool.ntp.org
```

改为如下所示。

```
server ntp.nict.jp
```

　　这样准备好后应用Chef，测试就通过了。

 例4　添加用户

　　下面展示下使用了另一个资源类型的例子——添加用户的测试，使用的资源类型是user。

```
require 'spec_helper'

describe user('naoya') do
  it { should exist }
  it { should belong_to_group 'naoya' }
  it { should have_home_directory '/home/naoya' }
  it { should have_login_shell '/bin/bash' }
end
```

　　测试内容一目了然。存在用户naoya、属于naoya组、有根目录并且shell为bash……这些就是测试内容。

　　下面是Chef的recipe。

```
group 'naoya' do
  action :create
end

user 'naoya' do
  group "naoya"
  home "/home/naoya"
  shell "/bin/bash"
  password nil
```

```
supports :manage_home => true
end
```

其他资源类型

serverspec 支持的资源类型记载于官方文档[⑥]中。资源类型有很多，每天也都会有新的添加进来，基本能够满足大部分测试的需求。如果想写无论如何也找不到既存资源类型的测试，那就扩展 serverspec 自身吧。当然，最好能将完成代码的 Pull request 提交一下。

serverspec 的应用

Vagrant、Chef、serverspec 组合起来后，就可以将基础架构的构成和测试全部用代码实现了。到此为止执行测试已经可以自动化，接下来要做的就是让测试能够被执行了。

serverspec+Guard

用 serverspec 写完测试后每次都要手动 rake spec 还是很花时间的。我们想要的是保存测试文件的变更后测试可以自动执行并生成报告。

在这里，我们使用能够检测出文件更新并执行任意任务的工具 Guard[⑦]。Guard 中有 Rspec 插件，使用该插件的话几乎无需设置就可以让它如我们期待的那样运行起来。guard 和 guard-rspec 用刚才提到的 Bundler 来加入。

执行如下命令。

```
# Guard 初始化。生成 Guardfile
% bundle exec guard init rspec

# 启动 Guard
% bundle exec guard start
```

guard 进程启动并开始监视测试文件。

这时若修改测试，就会只自动执行修改文件的测试并报告结果。

Guard 还有很多各种各样的应用方法，有兴趣的读者可以参考其文档等。

---

⑥ http://serverspec.org/resource_types.html
⑦ https://github.com/guard/guard

serverspec+jenkins 实现 CI

说到持续测试当然就该 CI（Continuous Integration，持续整合）、Jenkins 出场啦。整合目前为止介绍过的所有工具，Vagrant 用于构建服务器，Chef 用于搭建服务器，erverspec 用于执行测试、废弃服务器……可以做到这一系列测试的就是 CI 了。

重要的一点是，每次测试后都要废弃 Vagrant VM，然后再启动新的 VM。

搭建服务时，在既有环境中添加某个变更的测试是很常见的，但这时从无到有的新建测试就很容易被忘记。实际上，新建条件时测试不能通过的情况是常有的。而 CI 就可以不管 VM 启动和废弃所花费的时间，持续进行重复废弃和构建的测试。

◉ 安装 Jenkins

Jenkins 的安装在此就不做赘述了。

◉ 加入 ci_reporter

要使 Jenkins 可以导入 RSpec 的测试结果，就要用到 ci_reporter 这个 gem。它可以使 Rspec 的输出形式转换为 Jenkins 所使用的 JUnit 的 XML 形式。

在 Gemfile 中加入 ci_reporter 并安装。之后在 serverspec 的 Rakefile 中添加

```
require 'ci/reporter/rake/rspec'
```

和 ci_reporter 的 load。

这样就可以用 `rake ci:spec:rspec spec` 命令输出 XML 的报告至 spec/reports/ 目录中了。

◉ Jenkins 的设置

用 Jenkins 制作新的项目，以本回使用的一组源代码为编译对象。

后面 Jenkins 的设置在笔者的博客"用 Vagrant+Chef solo+serverspec+Jenkins 搭建服务的 CI"[⑧] 中有截图，如有需要请自行参考。

笔者的代码全部使用 Git 来管理，已 push 到 GitHub 中。若使用 Jenkins 的 GitHub 插件，只要

---

⑧ http://d.hatena.ne.jp/naoya/20130520/1369054828（此处为日文资料）

指定Github的URL，就可以每次编译时从GitHub把最新的代码pull到项目的工作目录中。

关于项目的设置，首先要完成GitHub相关的设置。

之后在"编译"的"执行shell"中，加入shell脚本，来执行从vagrant up到测试执行，再到vagrant destroy的一系列命令。这时，为了执行与ssh相关的动作，要采取暂时用vagrant ssh-config将ssh设置输出至文件中，用knife-solo的-F选项读取等措施。

```
# 启动虚拟机
vagrant up

# 输出ssh设置
vagrant ssh-config --host=webdb > vagrant-ssh.conf

# 加入gem
bundle

# bootstrap = prepare + cook : 加入Chef、应用cookbook
bundle exec knife solo bootstrap webdb -F vagrant-ssh.conf

# 用serverspec执行测试
bundle exec rake ci:setup:rspec spec

# 删除设置文件
rm -f vagrant-ssh.conf

# 废弃虚拟机
vagrant destroy -f
```

之后在"编译后处理"的"JUnit测试结果统计"中指定spec/reports/*/.xml，这样就可以从刚才的ci_reporter读取输出文件了。

这时若执行Jenkins项目的编译，就可以执行Vagrant、Chef、serverspec等一系列操作并得到测试结果的报告（图2）。至于如何读取这些报告，可以使用Jenkins的插件，按自己喜好随意选择。

这样，搭建服务的测试就可以用CI重复执行，无论何时都可以保证搭建服务的代码，即Chef的recipe的正确性。

基础架构也可以持续集成，这也正是我们现在的做法。

serverspec要进行到哪种程度？

最后稍微介绍一下serverspec的实际使用情况。

测试进行到哪种程度比较好？

首先，很多人经常会问"测试到底要做到什么程度呢？"实际的工作中，很多人往往会把测试流程写得太细，只要你愿意，甚至可以将RPM包中的各种文件是否正确解包都逐一进行测试。那么，测试到底要进行到什么程度呢？

虽没有明确的标准，但至少要能测试到通过Chef的recipe添加变更的部分，笔者认为这种程度刚刚好。OS的初始状态和各个包等在开发社区中应该已做过测试，自己再做一遍测试就会显得比较冗余。如果在服务器中加入了新的包就只测试"此包已被加入"、若服务器已经启动了就只测试"服务器在正常启动状态"就好了，除此以外的测试会显得有些多余。

CI是小题大做？

可能有人会觉得CI中经常会有重复测试这点有些小题大做了。

如前所述，定期重复服务器的废弃和构建来为测试做准备，这点是非常重要的，因此并非小题大做。假如要问为何用Chef来搭建服务器，那是为了可以随时随地得到我们所希望的服务器状态。新建服务器时、替换服务器时、硬件发生故障时……这些时候利用Chef来重新构建服务器是不会出错的。

▼ 图2　Jenkins的测试结果

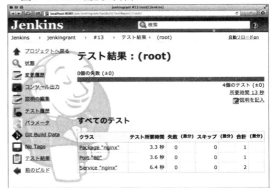

测试先行？

最后是关于测试驱动的问题。本连载的重点是先测试再搭建服务器，所以强调了测试驱动。但是个人认为（笔者并不信奉测试驱动开发），测试也不一定要先写，后面再写也可以。

与测试是否先行相比，是否写了测试更加重要。特别是操作并不熟悉的服务器软件时，什么样的测试条件比较理想在事前是很难判断的。这时先用 Chef 来配置，之后再根据追加了的文件和设置等查找理想的测试条件，也就是说，测试在后才能写出更加坚固的测试。再重复一遍，与测试是否先行相比，我们应该更加注意一定要有测试。

 总　结

本回我们实践了 Infrastructure as Code（基础设施代码化），也对目前的服务器操作有了一定的了解。

基础架构也可以使用代码来实现，这样的话，应用开发和基础架构运用的分界线也变得越来越模糊。不管是基础架构工程师还是应用软件开发者，通过学习这些 DevOps 的技巧都可以提升自身的能力。也请大家尝试挑战一下用代码实现现行的环境吧。

延伸阅读

图灵电子书（ituring.cn/book/1419）

《使用 RSpec 测试 Rails 程序》一书中有 6 章的内容来自 Everyday Rails 博客，还有 6 章内容完整地开发了一个简单但测试完整的 Rails 应用程序。书中的内容和代码都能在 Rails 4.0 中顺畅运行，不需要做其他额外的工作。

这本书特别适合对"测试"概念不熟悉，刚开始学 Rails，而且想学习 TDD 的同学。

作者 Aaron Sumner 在本书中指出自己的测试哲学是：

- 测试要可靠；
- 测试要易于编写；
- 测试要易于理解。

如果考虑这三个因素，在为应用编写较为全面的测试组件时会遇到很多困难，要成为真正的测试驱动开发践行者就更是难上加难了。

当然了，一般来说我们可以采取一些折中方案：

- 不关注效率（不过，稍后我们还是会讨论这个话题）；
- 不过度考虑代码重复的问题（我们也会讨论如何消除代码重复）。

最终，我们得到的是一些可靠且容易理解的测试，虽然还有很多地方可以优化，但这却是一个好的开始。以前，我会编写很多应用代码，然后在浏览器中到处点击链接，祈祷一切都能够正常运行。采用了上面所说的测试方法后，我充分利用了自动化测试的长处，使用测试驱动开发的理念，捕获了很多潜在问题和边缘情况。

如何开发使用 Coro 的简易网络爬行器

文/mala
LINE 股份有限公司
Twitter @bulkneets

审稿●日本 Perl 协会
译/杨驹武

本连载由活跃在一线的 Perl 黑客轮流执笔。本回由 mala 先生执笔，主题是网络爬行器（Crawler）的开发方法。从编写个人使用的简单下载程序到开发大规模网络爬行器，Perl 都是强有力的工具。

本文的示例程序都可以在图灵社区的支持页面[1]下载。

网络爬行器的礼节

在使用网络爬行器、网络蜘蛛（Spider）和机器人（Bot）[2]的时候，有些访问方式会对被访问网站造成很大的负荷。本节先讲述开发网络爬行器的一般礼节常识。不管用什么语言开发都应该知道这些礼节。

用 robots.txt 控制机器人
——指示是否可以访问

网站中设置的 robots.txt 文件是用来判断机器人"是否可以访问"的。假如被访问的网站是 http://example.com/，那么就在 http://example.com/robots.txt 里进行设置。

下面是 mixi[3] 的例子。

```
User-agent:*
```

---

① 打开 http://www.ituring.com.cn/book/1271，点击"随书下载"。
② 机器人（Bot）是对互联网自动访问程序的总称。特别是那些顺着网络链接来遍历互联网的自动收集程序被称为网络爬行器或网络蜘蛛。
③ http://mixi.jp/robots.txt

```
Noindex:/show_friend.pl
Noindex:/show_profile.pl
Disallow: /add_diary.pl
Disallow: /show_calendar.pl
Disallow: /confirm.pl
Disallow: /confirm_email.pl
Disallow: /invite.pl
Disallow: /join.pl
...
```

对于不登录就无法访问的 URL 来说，网络爬行器去访问它们也没有意义，所以从一开始就排除掉了它们。

出人意料的是，robots.txt 的规范并不是由标准化团体制定的。它是在应对搜索引擎巨头的过程中形成的事实上的标准。尽管现在通常被认为是用来指示"希望从检索结果里排除的 URL"的文件，但是在当初提议 robots.txt 的时候，主要是为了防止网络爬行器的无限制访问对网站造成高负荷。除了搜索引擎以外，有一些历史的 HTTP 客户端 wget[4] 也使用 robots.txt。由于 wget 具有顺着网络链接下载整个网站的功能，因此尊重 robots.txt 是它的重要的功能之一。

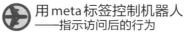
用 meta 标签控制机器人
——指示访问后的行为

也可以用 HTML 的 meta 标签来对网络爬行器进行指示。不同于 robots.txt 发出的"是否可以访问"的指示，meta 标签指示的是访问以后的行为。面

---

④ http://www.gnu.org/software/wget/

向机器人的标签主要有3个：noindex（向搜索引擎声明该网页禁止被索引收录）、nofollow（禁止顺着网络链接遍历）和noarchive（禁止显示缓存等）。

不要显示在搜索引擎的检索结果里
```
<meta name="robots" content="noindex">
```
不要显示在搜索引擎的检索结果里，不要顺着网络链接遍历
```
<meta name="robots" content="noindex,nofollow">
```

 ## 是否应该遵守robots.txt和meta标签的指示？

● 个人利用时

尽管说最好是要遵守robots.txt和meta标签的指示[5]，但笔者个人以为，即使是由网络爬行器发出的访问，只要是按照人的意图发出的访问请求，就不一定非得要遵守robots.txt和meta标签。而且网站的管理者也不要期待所有的机器人都遵守robots.txt和meta标签。

以个人利用为目的的网络爬行器必须注意nofollow这个meta标签。如果无视robots.txt和nofollow，就有可能对网站造成超负荷。因此，对于具有顺着网络链接自动下载特性的网络爬行器，强烈要求遵守这个标签。

● 加工转换和再发布收集到的信息时

对收集到的信息进行超出个人利用目的之外的加工和再发布，以及运用于检索服务时，强烈要求网络爬行器的开发者遵守meta标签的noindex和noarchive。平成21年（2009年），日本修改了著作权法，在遵守了robots.txt和meta标签的机器人排除规则的基础上满足一定条件的话，即可在日本国内合法地提供信息检索服务。而无视meta标签的指示，将收集到的信息再发布时，则必须注意有些运作方式会存在法律风险。

对任意的URL下载其内容进行加工、翻译或转换，进而再次发布的服务，如果没有什么附加价值的话，为了不让搜索引擎刊登这些将既有内容转换后再发布的内容，最好自主使用robots.txt和meta标签进行排除（最近搜索引擎自动判定并从索引里删除的也很多）。因为很可能被认定为是垃圾网站，而且除了有法律方面的问题，也可能会引起和网站运营者的纠纷。

 ## 明示自己特有的用户代理

如果使用唯一的用户代理，即使你写的程序失控引起麻烦，网站运营者也可以轻松编写设定，拒绝来自该网站爬行器的访问请求。大多数情形下用户代理包含库名和版本号，所以虽然没有必要每次都使用一次性的脚本等来明示唯一的用户代理，但对于持续执行的网站爬行器来说，最好还是要明示用户代理。

如果大家都使用相同的用户代理的话，网站运营者就无法正确拒绝访问请求。比如大家都知道谷歌的检索结果会拒绝用户代理中含有libwww-perl[6]的访问请求。这给所有使用LWP的人都带来了不便。尽管说这样对用Perl的人有点冷淡，但从拒绝不明示自己独有的用户代理的机器人方面来讲，也是可以理解的。另外，如果明示自己独有的用户代理，即使内部使用LWP，也不受影响。

原本很多网站就会拒绝这种好像是机器人的用户代理的访问请求，或者根据用户代理提供不同的响应，所以在以收集HTML数据为主要目的时，为了取得"面向人"的内容，大多会伪装成主流网络浏览器的用户代理来进行访问（这种情况下多数会使用Internet Explorer）。

 ## 保留日志，保存状态码

在访问请求被拒绝的时候，一般会返回400 Bad Request或403 Forbidden的响应。如果通过网络浏览器能正常访问，但只有来自特定的IP地址或者含有特定的用户代理的网络爬行器的访问请求被拒绝并返回400或403响应的话，你写的网络爬行器可能惹了"某种麻烦"，最好检查一下处理内容、再执行处理以及更新频率有没有问题。

 ## 配合网站内容的更新频率

在定期取得网站内容的情况下，应该根据网站内容的更新周期来访问。

---

[5] 也有文献明确写着"所有的机器人都必须遵守"。

[6] 通称LWP。Perl语言里作为事实上标准使用的HTTP客户模块。

使用 API 或者 RSS 反馈，尽量不直接提取 HTML 数据

在直接提取 HTML 数据之前，先找一下有没有 API 或者 RSS（RDF Site Summary）反馈。大多数的时候，使用 API 的负荷小，只输出最小限度的信息。

 ### 节制大负荷处理

动态生成的内容、检索结果、可以一次导出大量数据的 export 功能等属于"大负荷"处理。避免大量这样的处理，最好保持和人访问时相同的访问频率。

 ### 礼节不要好过头

互联网世界有很长的历史，大多数人不知道或者平常没有意识到的小的规范有很多。

robots.txt 有一个叫作 Crawl-delay 的扩展，用于指示对同一网站的访问间隔。有几个搜索引擎遵守着这一规范。

在返回 503 Service Unavailable 的 HTTP 响应的时候，通过指定 Retry-After 头信息，可以声明多少秒后服务器的超负荷或者维护状态会得到恢复。但是没有见到有网络爬行器在遵守这个规范。

连这样的小规范都要全部遵守的话那就没完没了了，再说即使没有遵守也不会马上就给网站带来麻烦。至于等待时间应该多长，同时连接数为多少合适，最好根据被访问网站所提供服务的规模和处理内容来决定。

 ## 应该参考的 CPAN 模块

下面从旧到新介绍一下开发网络爬行器时应该参考的 CPAN 模块。

 ### LWP::RobotUA、WWW::RobotRules

说起 Perl 的 HTTP 客户端，无论如何都要提到 LWP::UserAgent。在 LWP 程序包里，有一个叫作 LWP::RobotUA 的类，开发用于机器人的用户代理时，用它来解释 robots.txt。RobotUA 继承 LWP::UserAgent 类，必须指定表示用户代理的字符串和在 Form 头信息里使用的邮箱地址。而且，不能访问在 robots.txt 中指定 Disallow 的 URL，访问请求的缺省等待时间是 1 秒，是一个礼节很好的模块。

WWW::RobotRules 是 robots.txt 的解释器，在 LWP::RobotUA 的内部使用。也可以独立于 LWP 之外单独使用。有通过自身的用户代理名来判断是否可以访问特定 URL 的方法。

 ### URI::Fetch

URI::Fetch 支持 gzip 压缩以及根据 HTTP 头信息的 Last-Modified 和 ETag 进行缓存的功能，是一个不错的提供下载功能的模块。

 ### LWPx::ParanoidAgent、LWPx::ParanoidHandler

LWPx::ParanoidAgent 是用于开发防止访问 localhost 或者 192.168.x.x 等私有 IP 地址的用户代理的模块。在使用接收用户的请求，向任意 URL 发送请求的服务时，将网络应用程序当作垫脚石，就可以用它来访问原本从外部不能访问的服务器，从而可能造成内部信息的泄露，也有可能让攻击者得到可以进行攻击的漏洞。而这个模块就是用来防止这样的请求的。

LWPx::ParanoidHandler 是 tokuhirom 先生对 LWPx::ParanoidAgent 的重新实现。把 DNS（Domain Name System）的查找处理分离到 Net::DNS::Paranoid 中，通过挂钩处理来返回报错响应。没有难以理解的多重继承，可以在已有的 LWP::UserAgent 里加入防止访问内部 IP 地址的处理。

 ### 收集 HTML 数据（Scraping）的模块

WWW::Mechanize 是以自动模拟人在网络浏览器上的操作为主要目的的模块。通过使用 Cookie、传送输入数据、点击网络链接等近似网络浏览器的行为取得网页。

Web::Scraper 是能够用 XPath 和 CSS 选择器从网页收集 HTML 数据的模块。Web::Scraper 对应 URL、HTTP::Response 以及 HTML 字符串等多种输入格式，也很容易和 WWW::Mechanize 组合使用。缺点是偶尔用的时候会忘记 Web::Scraping 的 DSL

（Domain Specific Language，领域特定语言）。

Web::Query 是用类似 jQuery 的方法收集 HTML 数据的模块。用 CSS 选择器从 HTML 里抽取特定的标签或属性。

CPAN 模块和 LWP 的关系

CPAN 有很多这样实现特定目的的 HTTP 客户端，大部分库都利用 LWP 作为 HTTP 客户端。

利用 LWP 的 HTTP 客户端主要有两类实现方式。

- 继承 LWP::UserAgent 类进行开发
- 默认使用 LWP，但通过设置程序包参数以及访问路径（使用 ua、user_agent 等名字）来替换 HTTP 客户端

在前文的介绍中，LWP::RobotUA、LWPx::ParanoidAgent 以及 WWW::Mechanize 是通过继承 LWP::UserAgent 开发的。由于通过继承 LWP::UserAgent 开发的模块具有 LWP::UserAgent 的所有方法，因此可以直接被用作 LWP::UserAgent 的 Drop-in replacement[7]。比如可以把使用 URI::Fetch 和 Web::Scraper 的 HTTP 客户端替换成使用 LWP::RobotUA 和 LWPx::ParanoidAgent 的 HTTP 客户端。

使用 LWP::UserAgent 的模块主要利用的 LWP::UserAgent 的功能如下所示。

- 向 request 方法传送 HTTP::Request 对象，就会返回 HTTP::Response 对象
- 具备 get、head、post 方法

所以说，如果满足上述条件的话，差不多使用 LWP::UserAgent 的地方都可以置换。由于存在 Furl 和 HTTP::Tiny 等依赖的模块少而且轻量高效的可以代替 LWP 的模块，有时也会用这些模块来替代 LWP::UserAgent。只要写个简单的封装（Wrapper），就可以轻松地把 LWP::UserAgent 置换成 Furl。

但是 HTTP::Request 和 HTTP::Response 的处理相当复杂，实际上如果要提高和 LWP 的互换性的话，就会丧失使用 Furl 的很多好处。如果要实

现 LWP 的所有方法和链接点的话，那就变成了对 LWP 的重写，也会变得和 LWP 一样的复杂。因此，LWP 还继续是事实上的标准。特别是如果对速度要求很高的话，最好继续使用 LWP。

透明式缓存

即使是写像"从网站取得页面内容，抽取链接并下载"这样简单的程序，也要反复地进行试错。这种时候使用具备透明缓存功能的模块就会很方便，它能够把所有的访问请求自动缓存下来。但是在谈论 HTTP 客户端的缓存功能时，不同的模块可能有不同的含意，最好确认一下缓存的意图。

比如 LWP::UserAgent::WithCache[8] 里的"缓存"指的是利用 HTTP 头信息里的 Expires、Last-Modified 以及 Etag 来决定是否发送访问请求。如果 Expires 比现在系统时间早，即只要来自服务器的响应没有明确指示"目前不用取网页内容也可以"，就发送访问请求。发送访问请求时要设置 If-Modified-Since 和 If-None-Match 头信息，如果没有变化（在服务器对应的情况下）就返回轻量的 304 Not Modified 响应。

作为 HTTP 的缓存功能来说这当然是正确的，但如果服务器的反应慢的话，每次访问请求都要等待。在应用程序开发过程中或者需要高速缓存功能的情况下，这就不能满足要求。另外，如果是可以向任意 URL 发出访问请求的网络应用，那也会造成对被访问网站的持续访问。

● 在一定时间里强制性缓存

在应用程序开发过程中或者需要高速缓存功能的情况下，有必要无视 Expires 头信息，强制进行缓存，在一定时间里不发送访问请求。可以自行在 memcached 等中缓存 HTTP::Response 对象，也可以利用几个具有强制性缓存功能的模块。URI::Fetch 的 NoNetwork 选项以及 LWP::UserAgent::Cached 就是以离线访问为目的的缓存功能。因为不发生对网络的访问，所以执行

---

⑦ 完全互换品。不修改程序就可直接替换的模块。

⑧ https://metacpan.org/source/SEKIMURA/LWP-UserAgent-WithCache-0.12/lib/LWP/UserAgent/WithCache.pm

多少次也不会对被访问服务器造成麻烦，而且开发也变得很快。

在CPAN模块里，有很多名字近似但意思不同或者实现方式不同的模块。最好参照源程序和文档确认是否和自己的利用目的相吻合。

并行处理/分散处理的网络爬行器

在开发一定规模的大型网络爬行器时，需要在一定的时间里对尽量多的URL高效地收集数据。在对每个连接对象的主机设定合适的并行连接数和等待时间的同时，还需要整体能同时发送大量的访问请求。特别是用于搜索引擎的网络爬行器、定期访问相同URL的更新监测程序以及反馈集成程序等更应如此。

用Perl开发高效网络爬行器有两种选择。一种是用fork生成多线程，利用Parallel::ForkManager和Paralell::Prefork的案例以及利用任务队列框架的Worker的案例都属于这类。另一种是用AnyEvent或者Coro进行复数输入输出的实现方式。笔者喜欢把这两种方式组合起来使用，既实现复数输入输出又可按照中央处理器的核的个数启动多个进程。

下面，我们就来介绍如何开发利用复数输入输出实现在一个进程里处理多个访问请求的网络爬行器。Perl里有多个实现复数输入输出的模块，每个都很有历史，笔者推荐使用AnyEvent和Coro。它们都是libev的开发者Mark Lehmann先生的作品。AnyEvent可以根据系统环境自动判断可用的事件循环，而且可以使用统一的接口进行开发。Coro则利用协程（Coroutine）实现线程的协调。

AnyEvent和Coro的区别

使用Coro可以简明地记述复杂的异步处理，而且不会陷入所谓的"回调地狱"。比如要写"每秒执行某个处理"的程序，用AnyEvent和Coro来写就会有如下的区别。

利用AnyEvent
```
use AE;
my $i = 0;
```

```
my $cv = AE::cv;
#每秒执行指定的函数
my $watcher = AE::timer 0, 1, sub {
  warn $i++;
  $cv->send("done") if $i >= 10;
};
# 等待到可以利用CV = condition variable 为止
warn $cv->recv;
```

利用Coro
```
use Coro;
my $main = Coro::current;
async {
    my $i = 0;
    while (1) {
        # 仅将用async围起来的部分休眠(sleep)1秒
        Coro::Timer::sleep 1;
        warn $i++;
        last if ( $i > 10 );
    }
    # 指示线程调度器在下次线程切换时切换到主线程
    $main->ready;
};
schedule;
```

如果想利用Coro实现"定期执行什么"的话，只需要使用while或者for循环，在循环里调用sleep就行。在Coro::Timer::sleep被调用的时候该Coro线程停止执行，变为可执行其他线程的状态，1秒以后该Coro线程恢复可执行状态。

● 区别使用AnyEvent和Coro

由于Coro是黑巫术，所以开发通用模块或者不很复杂的异步处理时用AnyEvent编写比较安全。但是，在生产环境上执行的程序中，哪怕只有一次选择使用了Coro，那么以后就还是积极使用Coro比较好。尽管有麻烦，但也有很多不用Coro就实现不了的功能，再说写出的程序比用AnyEvent写的要简短，也使程序更加清楚。

Coro::Timer的内部如下所示。

```
sub sleep($) {
  my $w = AE::timer $_[0], 0, Coro::rouse_cb;
  Coro::rouse_wait;
}
```

在内部使用AE::timer，并在指定的秒数后执行Coro::rouse_cb，这样，在执行之前，现在的Coro线程就会暂停（执行别的Coro线程）。从上述例子可以看出，能用AnyEvent的callback记述的程序都可以转换成使用Coro::rouse_cb和Coro::rouse_wait的Coro方式。反过来，以利用Coro为前提编

123

写的程序，不用 Coro，仅用 AnyEvent 重写则是非常困难的。

因此笔者建议要区别使用 AnyEvent 和 Coro：在开发通用程序库时用 AnyEvent；在开发包含复杂处理的产品或者开发不用 Coro 就无法实现的功能时用 Coro。

 ## 使用 Coro 的典型网络爬行器的雏形

代码清单 1 是利用 Coro 实现的网络爬行器的范例，它为每台主机设定了连接数限制以及等待时间。在实际开发中应该把各个处理分割到多个类里，但为了看起来方便，这里把它们整理到一个文件里。

使用 Coro 的好处是通过 Semaphore 和 Channel 在一个进程里可以高效地进行排他控制和消息交换。我们一起来看示例程序。

● 限制每台主机的并行数

开发网络爬行器的时候，如果为了不给被访问的服务器造成过大的负荷而想要限制并行连接数的话，用 Coro::Semaphore 比较好。Semaphore 是控制获得和释放公共资源的锁机制。

下面是想要把并行连接数限制为 4 的典型的示例程序。

```perl
my $hosts = {};
sub task {
    my $url = shift;
    my $host = URI->new($url)->host;
    # 调用每台主机的 Semaphore，没有的话，新建一个
    my $semaphore = $hosts->{$host} ||= Coro::Semaphore->new(4);
    # 调用了 4 次以上的话，切换到别的线程
    my $guard = $semaphore->guard;
    # 某种处理
    ...
}
```

在上面的程序里，用 $semaphore->guard 实现了 "自动释放锁"。guard 被调用后，guard 对象保存的参数地址计数器变为 0，实现了释放该对象时执行某种处理的机制。在使用 Coro 和 AnyEvent 的时候，都会出现 guard 这一概念。

可以不用 $semaphore->guard，而是明确地使用 $semaphore->down 来确保获得锁，用 $semaphore->up 来释放锁。笔者个人建议使用 guard。刚开始用的时候，

在处理开始时调用 down，在处理结束时调用 up 可能比较容易理解，但是如果只调用了 down 而忘了调用 up，就会由于锁没有被释放而引起程序死机。但是如果使用 guard，特定的线程即使出错结束了，只要 guard 对象被废弃，$semaphore->up 就一定会被调用。只要使非同期事务的寿命和 guard 对象的寿命保持一致，就不会忘掉释放锁。

● 线程之间合作

网络爬行器需要由多个线程分担处理，这些线程可以用 Coro::Channel 来进行合作。如果用 Coro::current->desc 按角色给每个线程加上名字，在调试的时候就会很方便。在例子中运行着以下 3 种线程：接收 URL 取得 HTTP 响应的 fetcher（❶）、解析取得的响应的 parser（❷）、把解析的结果写到文件里去的 updater（❸）。

如果这些用 callback 方式来写的话，又会变成什么样子呢？

```perl
http_fetch($url, sub {
    my ($url, $res) = @_;
    parse_response($res, sub {
        my $res = shift;
        update_databse($res, sub {
            warn "done!"
        })
    })
});
```

基本就是这样形成了深层嵌套的程序。当然有很多地方是可以用编程技巧来消除的。如果把简单的 Worker 用队列进行合作的话，也可以写成像利用 AnyEvent 时那样好懂的程序。

● 组合使用多个 Semaphore

开发有一定规模的网络爬行器时，需要加入多个限制参数。生成的 Coro 的最大数、每台主机的最大连接数以及进程整体的最大连接数要分别用各自的 Semaphore 来限制。由于受 Semaphore 的控制，会产生什么都不执行的处于休眠状态的线程，所以要生成比 HTTP 客户端的并行连接数更多的线程，并使它们待机。

单独用 Coro::Timer::sleep 就可实现从最后的连接开始等待一定秒数的处理。Coro 的长处是可

▼ 代码清单1　使用Coro的Semaphore和Channel的典型网络爬行器的程序（coro_crawler.pl）

```perl
use strict;
use Coro;
use Coro::Channel;
use Coro::Semaphore;
use Coro::Timer;
use URI;
use FurlX::Coro;
use Web::Query;
use Try::Tiny;

my @done;
my @fail;
sub done { push @done, $_[0] }
sub fail { push @fail, $_[0] }

my %queue;

sub queue {
    my $name = shift;
    $queue{$name} ||= Coro::Channel->new;
}

sub logger {
    my $msg = shift;
    # 打印系统时间和线程的名字
    warn localtime . sprintf ": %s %s\n", Coro::current->desc,
$msg;
}

# 整体的同时连接数上限
my $global_lock = Coro::Semaphore->new(5);
sub global_lock {
    $global_lock->guard;
}

# 每台主机的同时连接数上限
my %lock;
my $use_sleep = 1;
sub host_lock {
    my $url = shift;
    my $host = URI->new($url)->host;
    my $sem = $lock{$host} ||= Coro::Semaphore->new(1);
    # 设定从最后的连接开始的等待时间
    if ($use_sleep && $sem->count == 0) {
        my $guard = $sem->guard;
        Coro::Timer::sleep 3;
        return $guard;
    }
    $sem->guard;
}
❶
sub fetcher {
    my $url = queue("fetch")->get;
    my $lock = host_lock($url);
    my $glock = global_lock();
    my $ua = FurlX::Coro->new;
    logger($url);
    my $res = $ua->get($url);
    queue("parse")->put([$url, $res]);
}
❷
sub parser {
    my $data = queue("parse")->get;
    my ($url, $res) = @$data;
    logger($url);
    # 抽取标题时
    my $title = Web::Query->new_from_html($res->content)
                    ->find("title")->text;
    queue("update")->put([$url, $title])
}
❸
sub updater {
    my $data = queue("update")->get;
    my ($url, $res) = @$data;
```

```perl
    logger($url);
    warn $res;
    done($res);
}
sub create_worker {
    my ( $name, $code, $num ) = @_;
    for ( 0 .. $num ) {
        my $desc = $name . "_" . $_;
        async_pool {
            Coro::current->desc($desc);
            while (1) {
                try {
                    $code->()
                } catch {
                    warn $_;
                    fail($_);
                }
            }
        }
    }
}

create_worker( fetcher => \&fetcher, 1000 );
create_worker( parser  => \&parser, 1 );
create_worker( updater => \&updater, 1 );

# 取得URL
my @list = qw(
    http://localhost/1
    http://localhost/2
    http://local.example.com/2
    http://local.example.com/3
);

my $stop_flag = 0;
my $force_exit = 0;
my $total = scalar @list;
my $main = Coro::current;

# 接收信号，设置“终止”标志旗
$SIG{INT} = sub {
    if ($stop_flag == 1) { $force_exit = 1 }
    $stop_flag = 1;
    if ($force_exit) {
        die "exit";
    }
};

# manager
async {
    while (1) {
        Coro::Timer::sleep 1;
# 不要丢失正在处理的数据
# 不接受新的作业任务
# 等待正在执行中的作业任务结束，等等
        if ($stop_flag) {
            warn "signal recieved!!! ";
            async {
                Coro::Timer::sleep 10;
                $stop_flag = 0
            }
        }
        warn sprintf "Task: %s/%s Fail: %s",
scalar @done, $total, scalar @fail;
        my $done = scalar @done + scalar @fail;
        if ($done == $total) {
            warn "All task done!";
            $main->ready;
        }
    }
};

queue("fetch")->put($_) for @list;
schedule;
```

125

以直观地编写一些用AnyEvent不好写的程序，比如像在条件满足之前暂停该线程，把执行权切换到别的线程这样的处理。和用fork生成子进程相比，生成Coro的线程非常高效，也很节省内存，生成100个或200个都是很轻松的事情。

🛬 在多个进程中创建共享队列

尽管使用Coro::Channel可以把数据传递给别的线程，但说到底这也只是在该进程的内存内部进行的处理。如果要实现跨越多个进程或者跨越多个服务器的数据交换，就必须把数据保存到某种存储装置里。另外在输入输出并不成为处理瓶颈反而中央处理器是瓶颈的情况下，最好是把进程分割。因此，这种时候要是有能够在多个进程间传递数据的队列服务器就会很方便了。这里我们试着用一下Redis[9]。

● 使用Redis的LIST类型

由于在Redis里刚好有可用作队列的数据类型以及命令，所以它可以用来创建多进程间可共享的队列。在publish方用rpush添加消息，在subscribe方用blpop从前端取得消息，这样就可以将Redis的LIST类型作为队列使用。blpop的b是blocking的意思。如果LIST是空的话，并不马上返回响应，而是在指定的时间内等待LIST里被添加数据。

虽然有好几个可以从Perl访问Redis的CPAN模块，但使用AnyEnent::Redis可以和其他Coro并行合作。我们来给Redis的LIST加上类似Coro::Channel的接口。

利用Redis做成的简易队列服务器
```perl
package Rq;
# Redis as Queue
use strict;
use Coro;
use AnyEvent::Redis;
our %REDIS_SERVER = (server => '127.0.0.1', port => 6379);

sub new {
  my $class = shift;
  my $name = shift;
  my $self = {
```

```perl
    name => $name,
    redis => AnyEvent::Redis->new(%REDIS_SERVER),
  };
  bless $self, $class;
}
# 从LIST 里获取
sub get {
  my $self = shift;
  while(1) {
    $self->{redis}->blpop($self->{name}, 10, rouse_cb);
    my $res = rouse_wait;
    return $res->[1] if ($res);
  }
}
# 向 LIST 里添加
sub put {
  my ($self, $msg) = @_;
  $self->{redis}->rpush($self->{name}, $msg);
}

1;
```

publish方
```perl
use strict;
use Rq;
use Coro;
use Coro::Timer;

my $queue = Rq->new("test_channel");
sub publish {
    my $message = shift;
    $queue->put($message);
}

my $broker = async {
    Coro::current->desc("broker");
    my $i = 0;
    while (1) {
        $i++;
        Coro::Timer::sleep 1;
        publish( "task: " . $i );
    }
};

schedule;
```

subscribe方
```perl
use strict;
use Coro;
use Coro::Timer;
use Rq;
my $channel = Rq->new("test_channel");
async {
    while(1) {
        my $msg = $channel->get;
        warn $msg;
    }
};
# $channel->get即使被block了，计时器依然继续运行
my $timer = async {
    while(1) {
        Coro::Timer::sleep 1;
        warn time;
    }
};
schedule;
```

像这样，通过Redis可以在多个进程之间交换消息。与Coro::Channel不同，它只能交换字符

---

⑨ http://redis.io/。是支持散列、列表、集合、排好序的集合等必要数据类型的KVS（Key-Value Store）。

串，因此要想更方便地使用队列，在向队列里添加散列或数组的时候必须决定好直列化/逆直列化（Serialize/Deserialize）的方法。需要注意的是，在发生异常引起停机的时候，正在处理的数据会丢失。

在常见的消息队列中间件里，接收到消息并发送出 Ack 或者类似的命令后才从队列里删除接收到的数据。比如利用 Q4M 的时候，要组合使用 queue_wait 和 queue_end。对别的客户端要把正在处理的数据隐藏起来，处理完再将消息删除掉。如果要求高可靠性，就需要采取这样的处理。

 ## 使用 Coro 的好处

如今已经是多核时代，所以与 Coro 只能在使用一个核的单进程里通过生成轻量线程或者生成多个输入输出来实现并行处理相比，大家可能会不假思索就产生"还是多启动几个进程比较高效"的想法。在一个进程里使用 Coro/AnyEvent 的多个输入输出的处理方法，尽管可以实现多个处理"并行"动作，但并不是使用多个中央处理器核进行真正的"并行"动作。

Coro 的好处在于，与多进程并行处理不同，它可以在一个进程里非常容易地实现状态共享和动作协调。比如通过在多个线程之间共享状态，就可以很容易地通过 Semaphore 管理并行连接数等。即使使用了 Coro 的单个进程内的并行处理是进行过少量 fork 后实现的结构，如果每个进程的并行连接数有限制的话，整体的并行连接数也就限制为"单个进程的并行连接数 × 进程数"。这样如果多个进程不共享内存而独立运作的话，就必须有一个管理连接数的中央服务器，而且每次发出访问请求都要访问该中央服务器，这样的机制效率是很低的（当然要严格管理的话也必须得这样）。

● 充分使用内存内缓存

在单个进程的生存期里如果要对同一服务器进行多次访问的话，进程里的 DNS 缓存处理是非常有效的[10]。在想要应对 Keep-Alive 连接的情况下，

如果跨越多个进程，连接是不能共享的，但如果在同一进程里通过多个输入输出实现并行处理的话，访问过的主机的连接就可以缓存起来。像这样通过"进程内状态共享"获得的好处很大的话，利用 Coro 或 AnyEvent 的做法就能发挥出非常强大的功效。

 ## 总 结

本文介绍了开发网络爬行器的参考信息。

下期的作者是久森达郎先生，主题是"Perl 应用的测试和高效 CI（Continuous Integration，持续集成）环境构建法"。

延伸阅读

《Go 并发编程实战》专门花费了一章内容（第9章）来讲解网络爬行器框架的设计和实现，这里讲解得非常细致，设计理念适用于所有语言。

《Go 并发编程实战》不但对基本的 Go 语言编程方法和技巧进行了深入的阐释，还独树一帜地对 Go 语言的内部机制和原理进行了清晰的描述。这些都是学好和用好 Go 语言的极佳资料。推荐 Go 语言爱好者以及对 Go 语言感兴趣的技术人员都阅读这本书。

---

[10] 正好 kazeburo 先生开发了 AnyEvent::DNS::Cache::Simple 这一模块，可供大家参考。
https://metacpan.org/module/AnyEvent::DNS::Cache::Simple

从 Go！开始的 AOP
横切关注点分离及其实现

文/PHP 导师 **后藤秀宣** *GOTO Hidenori* 译 / 杨驹武

mail hidenorigoto@gmail.com
URL http://phpmentors.jp/
Twitter @hidenorigoto

 关注点分离

AOP（Aspect-Oriented Programming，面向方面编程）是把横切关注点分离处理的编程思想。关注点分离（Separation of Concerns，SoC）一词出现于 1974 年 Dijkstra 博士的论文[1]里，指的是在软件世界里把大的关注点分解成小的关注点。如果把软件问题概念化的话，可以分解成图 1 所示的分层结构，这种结构十分典型。这样的分解方法叫作模块分解。内部的特定小模块完全包含在外部的整个大模块里面。模块结构看起来把问题很清楚地分解了，但其实内部的多个模块经常有着类似的侧面（图 2）。像这样跨越多个模块，在多个

[1] Edsger Wybe Dijkstra，*On the role of scientific thought*。
http://www.cs.utexas.edu/users/EWD/transcriptions/EWD04xx/EWD447.html

地方都出现的关注点就叫作横切关注点。具体的例子我们在后面会介绍，具有代表性的是事务处理。

 方　面

横切关注点是跨越多个模块出现的关注点。着眼于这样的关注点，把它们提取成软件需要的功能的话，这些功能就叫作方面（Aspect）。方面并不是什么特殊的东西，它就相当于多个模块都通用的功能。

 常见的方面

在企业软件里常见的主要方面有日志、分析、事务处理、安全、同步处理、缓存处理以及历史记录等。如果预先知道需要哪些方面的话，把它们做在框架里就可以在一定程度上将它们从应用程序中分离出来。

▼ 图1　模块分解

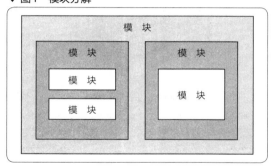

▼ 图2　横切关注点

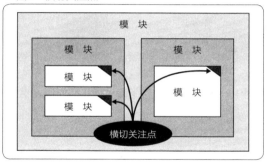

▼图3　代码纠葛

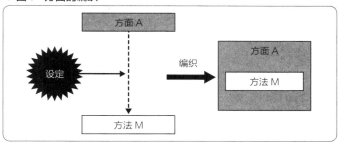

▼图4　方面的编织

但是，如果仅仅是框架和程序库里具有这样的功能，就必须还在应用程序里写调用这些功能的代码。这样的分离是不彻底的。如图3所示，方法 M 里自己本来的代码和方面 A 的代码混杂在了一起。随着方法里包含的方面的增加，代码就变成了本来的代码和方面复杂交织的状态。这种状态就叫作代码纠葛。随着代码纠葛的恶化，程序变得越来越不可读和难以维护。解决这种代码纠葛问题的一个方法就是 AOP。

 如何清楚地分离方面

像图4那样，假如有方面 A 和应用该方面的对象方法 M，现在我们要让 M 不依赖于 A。对于 M 来说，需要应用什么样的方面，不应设定任何前提条件。方面应该位于比方法 M 更高的层面。

把方面应用于方法的过程叫作编织。实际上对 M 编织什么样的方面取决于应用的设定或者执行时的对象内容。应用方面的时候不需要修改 M。像这样只在应用对象外部控制方面的编织，即使修改也无需触及应用对象代码的特性被称为非侵入性。AOP 的基础就是这种可以以非侵入的形式应用方面的机制。

 面向方面编程

在 Java 的世界，AOP 很早就实现了标准化，AOP Alliance [2] 制定了 AOP 的参考实现。AOP Alliance 公开了源程序，使用许可是公开的，谁都可以使用。本文介绍的程序库就是基于 AOP

---

② http://aopalliance.sourceforge.net/

Alliance 的实现移植过来的。

AOP Alliance 的参考实现里使用了 AOP 的一些术语。我们边讲解这些术语边了解 AOP 的机制。

 拦截器

拦截器（Interceptor）是 AOP 中记述横切关注点处理的地方。顾名思义，拦截器截取已有的处理，加入额外的行为。比如方法拦截器，它可以拦截应用程序代码中任意对象的任意方法调用，并在方法被调用前和被调用后加入某种处理。

 结合点

结合点（Join point）是指被拦截器拦截的对象所在地的总称。

 行　使

行使（Invocation）是指被拦截器拦截了处理的结合点的具体对象。拦截了方法调用时，把表示该方法调用的方法行使对象传递给拦截器。在拦截器一侧，从行使对象里取得有关要调用的方法的信息。比如可以取得持有原本要调用的方法的对象、方法的元数据（反射对象）以及参数。

 切　点

切点（Pointcut）描述的是拦截器拦截对象的具体条件。拦截器表示横切关注点自身的处理内容，与之相对，切点表示在什么地方应用拦截器的处理，指定条件和想要截取的类名或者方法名进行完全匹配或者部分匹配，也可以通过方法附加的注解来指定条件。

编 织

编织（Weave）是指给对象组合横切关注点的处理。有几种实现方式：把编织对象作为代理的方式以及改写被调用类的字节代码的方式等。

可在PHP里使用的AOP

在PHP里也有基于AOP Alliance的参考实现移植来的程序库。有的只有AOP功能，可以单独使用；也有的是作为框架的一部分被组合使用的（表1）。

Go！AOP框架

Go! AOP框架（以下简称为Go!）是用纯PHP实现的AOP框架，PHP5.4以后的版本都可使用[3]。使用通过纯PHP实现的其他常见AOP框架时，只可以对DI集成器管理的对象实施AOP。但是Go!是通过PHP自动加载的功能实现AOP的，因此在不利用DI集成器的项目里也可以实施AOP，这正是Go!的特点[4]。

[3] 有些功能PHP 5.3也可使用。
[4] 需要实施对象是类，并且利用自动加载功能来进行加载。

 安装以及项目准备

Go!通过Composer[5]安装。先建立项目的根目录，在根目录下建立如代码清单1所示的文件，执行如图5所示的命令就可以取得Go!的软件包及其依赖的软件包。

这次建立的文件清单如表2所示。开始实现AOP之前，需要在项目的根目录下预先建立如代码清单2那样的初始化应用程序的引导文件。

 用Go！实现方面的步骤

● 方面类和拦截器方法

在Go!里面，方面是作为实现了Go\AOP\

[5] PHP软件包的管理工具。http://getcomposer.org/

▼ 代码清单1　composer.json

```
{
  "autoload": {
    "psr-0": { "": "src/" }
  },
  "require": {
    "lisachenko/go-aop-php": "*"
  }
}
```

▼ 图5　用Composer取得软件包

```
$ php composer.phar install
```

▼ 表1　PHP里可以使用的AOP程序库[注]

使用形态	程序库	URL	说　明
可以单独使用	Go！AOP框架	https://github.com/lisachenko/go-aop-php	Alexander Lisachenko 先生开发的AOP框架（本文后面会解说）
	Ray.Aop	https://github.com/koriym/Ray.Aop	BEAR.Sunday的作者郡山昭仁先生开发的AOP框架。需要PHP 5.4以后的版本，通过附加注解的切点指定等可以用声明来记述
和其他部分一起使用	JMSAopBundle	https://github.com/schmittjoh/JM-SAopBundle	Johannes M. Schmitt 先生（Symfony的贡献者）作为Symfony的一部分开发的AOP框架。和Symfony的DI（Dependency Injection）集成器结合在一起，可以把拦截器设定成DI集成器的服务。这样可以由DI集成器管理需要作为拦截器使用的外部对象的依赖关系
	Ding	http://marcelog.github.io/Ding/	由Marcelo Gornstein 先生开发。是基于Java的Spring框架（http://www.springsource.org/springframework）以及Java标准的DI集成器和AOP框架。需要PHP 5.3.3以后的版本。可以用近似Spring框架的形式定义拦截器和切点
	TYPO3.Flow	http://flow.typo3.org/	TYPO3.Flow是作为Web应用框架开发的，也实现了DI和AOP功能。和Ding一样，可以用近似Spring框架的形式定义拦截器和切点

注：尽管表1介绍的程序是由纯PHP实现的，但也有通过合并到PHP语言本身的方式来实现的AOP程序库（https://github.com/AOP-PHP/AOP）。

▼ 表2　建立的文件清单

文件名	说　　明
bootstrap.php	初始化应用程序
test.php	脚本示例
OuterService.php	应用方面的对象（其1）
InnerService.php	应用方面的对象（其2）
Transactional.php	用于指定切点的注解
TransactionAspect.php	方面

Aspect接口的类生成的。Aspect接口仅仅是个标记接口，没有必须实现哪个方法的限制。可以用任何名字来命名实现方面处理的拦截器方法。指定接收的参数为Go\Aop\Intercept\MethodInvocation对象。代表性的例子如下所示。

```
use Go\Aop\Aspect;
use Go\Aop\Interceptor\MethodInvocation;

class SomeAspect implements Aspect
{
  public function intercept(MethodInvotation $invocation)
  {
    // 拦截器处理
  }
}
```

在拦截器的方法里可以利用MethodInvotation对象的信息。MethodInvotation对象拥有如表3所示的方法，可以在拦截器里取得应用方面的方法以及对象的信息。比如在用方面来实现日志功能的时候，可以用getMethod()方法来取得被实施对象方法的信息并把它们加入到日志信息里。

● **执行拦截器的时间点**

使用拦截器的时候，可以指示如表4所示的3种时间点。在Before和After的情况下，拦截器的处理和被实施对象方法的处理完全独立，在拦截器方法里像下面这样只记述拦截器的处理。方法不返回任何值[6]。

```
public function beforeIntercept(MethodInvocation $invocation)
{
  $this->log->write(
    $invocation->getMethod()->getName()
  );
}
```

---

⑥　即使记述了 return 也不会使用。

▼ 代码清单2　bootstrap.php

```php
<?php
use Doctrine\Common\Annotations\AnnotationRegistry;

include __DIR__ .
  '/vendor/lisachenko/go-aop-php/src/Go/Core/AspectKernel.php';
include __DIR__ .
  '/ApplicationAspectKernel.php';

$applicationAspectKernel = ApplicationAspectKernel::getInstance();
$applicationAspectKernel->init(array(
  'appLoader' => __DIR__ . '/vendor/autoload.php',
  'appDir' => __DIR__ . '/app/',
  'cacheDir' => __DIR__ . '/app/cache/aop',
  'autoloadPaths' => array(
    'Go'
    => __DIR__ . '/vendor/lisachenko/go-aop-php/src/',
    'TokenReflection'
    => __DIR__ . '/vendor/andrewsville/php-token-reflection/',
    'Doctrine\\Common'
    => __DIR__ . '/vendor/doctrine/common/lib/',
    'Dissect'
    => __DIR__ . '/vendor/jakubledl/dissect/src/',
  ),
  'includePaths' => array(
    __DIR__ . '/src/'
  )
));
```

▼ 表3　MethodInvotation 对象的方法

方　法	返回值	说　明
getThis	object	取得被实施对象
getArguments()	array	取得传递给被调用方法的参数
getMethod()	ReflectionMethod	取得被调用方法的反射对象
getStaticPart()	object	和 getMethod 相同
Proceed()	无	执行被调用的方法

▼ 表4　执行拦截器的时间点

时间点	说　明
Before	被实施对象的方法执行之前
After	被实施对象的方法执行之后
Around	包装被实施对象的方法的执行

在Around的情况下，为了执行被实施对象的方法，需要在拦截器里像下面这样和拦截器的处理一起记述。

```
public function aroundIntercept(MethodInvocation $invocation)
{
  echo 'around before';
  $result = $invocation->proceed();
```

```
  echo 'around after';

  return $result;
}
```

　　MethodInvocation对象作为参数被传递给了拦截器的方法，如果执行它的方法 proceed() 的话，被实施对象的方法就也会被执行。如果对被实施对象的方法设置多个拦截器的话，则该阶段处理会移交给下一个拦截器。为了对被实施对象方法的返回值进行适当的处理，要在拦截器里取得proceed()方法的返回值并从拦截器里返回。

● 指定切点

　　准备好方面类以后，接下来是指定方面的实施对象，也就是切点。在 Go! 里，可以用下述两种方式指定切点。

　　❶ 为每个拦截器指定实施对象
　　❷ 指定独立的切点注解

　　方式❶是在拦截器方法的注解里记述实施对象的类名和方法名。可以像execution(public 类名 -> 方法名 (参数))这样在 @Before、@After 以及 @Around 的注解里记述，也可以用"*"来进行部分匹配。比如要对所有类的delete()方法实施执行前拦截的话，可以像下面这样记述。

```
/**
 * @Before("execution(public *->delete(*))")
 */
public function beforeIntercept(MethodInvocation
$invocation)
{
  // ……
}
```

　　这种方法简单是简单，但也存在问题。因为是对每个拦截器方法直接指定切点，所以拦截器和切点之间就形成了紧耦合。另外，对每个拦截器只能指定一个切点，通用性也不高。

　　而方式❷则是为切点准备专用的注解。如果要取得前述 delete() 方法的日志的话，可以对实施对象指定 @LogDelete 注解。在 Go! 里，注解程序库使用的是 Doctrine\Common，因此如下述那样建立 Doctrine\Common\Annotations\Annotation 类的子类 LogDelete 类。类的注解指定为 @Annotation

注解，@LogDelete注解的实施对象则用 @Target 注解来指定。

```
<?php
namespace Example\Aspect\Annotation;

use Doctrine\Common\Annotations\Annotation;

/**
 * @Annotation
 * @Target("METHOD")
 */
class LogDelete extends Annotation{}
```

　　如下所示，在拦截器一侧，在 @Before 注解里把建立的 LogDelete 注解指定为切点的条件。

```
/**
 * @Before("@annotation(Example\Aspect\Annotation\
LogDelete)")
 */
public function around(MethodInvocation $invocation)
{
  //……
```

　　最后，对要实施方面的方法像下面这样附加 @LogDelete 注解。注意这时必须 use 要设定的注解类[7]。

```
use Example\Aspect\Annotation\LogDelete;

//……

/**
 * @LogDelete
 */
public function delete()
{
  //……
```

　　像这样，不用重新修改方面类的代码，只对要实施方面的对象方法记述注解就可以把方面编织进来。注解的利用就像是在切点和拦截器之间加入了缓冲层一样，消除了紧耦合的问题。

事务处理和AOP

　　作为示例，我们用 AOP 来实现事务处理。在利用数据库的 Web 系统里，到处都有关于事务处理的记述，而且基本上都是相同的代码，这就是典型的横切关注点之一。

　　如果在框架或者 O/R 映射程序库里内置了事

---

[7] 这是Doctrine注解程序库的规范。

务处理的话，直接使用它就行了。但是对于应用程序独有的特殊要求，几乎所有的框架都没有提供扩张点。请大家注意的是，尽管这次我们要实现事务处理，但我们并不是使用框架的事务处理功能，也不是扩张框架的该功能，而是要用AOP的非侵入方式来解决事务处理问题。

● 示例的要求事项

需要有 OuterService 类和 InnerService 类这两种类，而且各自有向不同的数据库表注册数据的处理。每个类的 save() 方法都可以从应用程序单独调用，同时进行事务处理。另一个值得注意的要求是 OuterService 类的 save() 方法在内部要调用 InnerService 类的 save() 方法。

简单地说就是由于事务处理的代码有两层，所以必须要检查事务处理是否已经开始。包括这些管理在内，如果把方面分离的话，代码也能变得简洁。

● 没有事务处理的程序

首先编写不实施事务处理的单纯的代码。在项目的 src/Example 目录下建立如代码清单3和代码清单4那样的程序文件，在项目的根目录下建立如代码清单5那样的程序文件。

我们省略了 save() 方法的具体处理，只用 echo 来确认方法是否被调用。程序建立好以后，如果执行 test.php 的话，就会显示出如图6所示的结果。

● 把方面分离出来

在示例中，我们用 PDO [8] 直接管理数据库连接。在 PDO 里，有用于控制事务处理的 beginTransaction() 方 法、commit() 方 法 以 及 rollback() 方法。这次我们不在 OuterService 类和 InnerService 类的 save() 方法内部记述事务处理代码，而是所有都由方面来实现。

在项目的 src/Example/Aspect 目录下建立如代码清单6所示的程序文件。考虑到事务处理嵌套的情况，在方面类里设置了静态变量（第12行），用它来判断事务是否已经开始（第22～31行）。由

▼ 代码清单3　OuterService.php

```php
<?php
namespace Example;

class OuterService
{
  protected $inner;

  public function save()
  {
    echo __METHOD__.PHP_EOL;
    $this->inner->save();
  }

  public function setInner($inner)
  {
    $this->inner = $inner;
  }
}
```

▼ 代码清单4　InnerService.php

```php
<?php
namespace Example;

class InnerService
{
  public function save()
  {
    echo __METHOD__.PHP_EOL;
  }
}
```

▼ 代码清单5　test.php

```php
<?php
require_once 'bootstrap.php';

use Example\InnerService;
use Example\OuterService;

$outer = new OuterService();
$inner = new InnerService();
$outer->setInner($inner);

try {
    $outer->save();
} catch (\Exception $e) {

}
```

▼ 图6　没有事务处理的程序的执行结果

```
$ php test.php
Example\OuterService::save
Example\InnerService::save
```

于在方法执行之前要开始事务处理，在方法执行结束后要提交事务处理，所以拦截器的实施时间点使用 Around（第15行）。

---

⑧　http://php.net/manual/en/class.pdo.php

▼ 代码清单6 TransactionAspect.php

```php
01 <?php
02 namespace Example\Aspect;
03
04 use PDO;
05 use Go\Aop\Aspect;
06 use Go\Aop\Intercept\MethodInvocation;
07 use Go\Lang\Annotation\Around;
08
09 class TransactionAspect implements Aspect
10 {
11   protected $connection;
12   static protected $count = 0;
13
14   /**
15    * @Around("@annotation(Example\Aspect\Annotation\Transactional)")
16    */
17   public function around(MethodInvocation $invocation)
18   {
19     $obj = $invocation->getThis();
20     echo 'Transactional : ' . get_class($obj) . PHP_EOL;
21
22     ++self::$count;
23     try {
24       if (self::$count === 1) {
25         $this->connection->beginTransaction();
26       }
27       $result = $invocation->proceed();
28       if (self::$count === 1) {
29         $this->connection->commit();
30       }
31       --self::$count;
32     } catch (\Exception $exception) {
33       if (self::$count === 1) {
34         $this->connection->rollback();
35       }
36       --self::$count;
37       throw $exception;
38     }
39
40     return $result;
41   }
42
43   public function setConnection($connection)
44   {
45     $this->connection = $connection;
46   }
47 }
```

同时在项目的 src/Example/Aspect 目录下建立如代码清单7所示的程序文件。另外需要在应用程序的引导文件（bootstrap）里加入注解和PDO。把代码清单8的代码加到 bootstrap.php 的末尾。因为在示例中并不实际连接数据库，所以预备了替代用的 PDO 对象（PDOMock 类）(第4~20行)。向方面对象里注入 PDOMock 对象（第22~25行)。

现在如果再次执行 test.php 的话，就会显示如图7那样的结果。可以看出在每个 save() 方法执行的时候，拦截器就会被执行，事务处理得到实施。

另外，我们再尝试一下在 InnerService 类的 save() 方法里加入 throw\Exception()，使程序发生异常处理。再次执行 test.php 的话，就可以明确验证回滚事务处理得到了实施（图8）。

 总 结

这一期我们讲解了横切关注点和 AOP 的基础知识，并介绍了利用 Go!框架以 AOP 方式实现事务处理的例子。像横切关注点这样的处理，在应

▼ 代码清单7　Transactional.php

```
01 <?php
02 namespace Example\Aspect\Annotation;
03
04 use Doctrine\Common\Annotations\Annotation;
05
06 /**
07  * @Annotation
08  * @Target("METHOD")
09  */
10 class Transactional extends Annotation{}
```

▼ 代码清单8　加入 bootstrap.php

```
01 AnnotationRegistry::registerFile(__DIR__
02   .'/src/Example/Aspect/Annotation/Transactional.
php');
03
04 class PDOMock
05 {
06   public function beginTransaction()
07   {
08     echo __METHOD__ . PHP_EOL;
09   }
10
11   public function commit()
12   {
13     echo __METHOD__ . PHP_EOL;
14   }
15
16   public function rollback()
17   {
18     echo __METHOD__ . PHP_EOL;
19   }
20 }
21
22 $connection = new PDOMock();
23 $applicationAspectKernel->getContainer()
24   ->get('aspect.Example\Aspect\TransactionAspect')
25   ->setConnection($connection);
```

▼ 图7　实施事务处理的执行结果

```
$ php test.php
Transactional : Example\OuterService
PDOMock::beginTransaction
Example\OuterService__AopProxied::save
Transactional : Example\InnerService
Example\InnerService__AopProxied::save
PDOMock::commit
```

▼ 图8　发生例外时的回滚处理结果

```
$ php test.php
Transactional : Example\OuterService
PDOMock::beginTransaction
Example\OuterService__AopProxied::save
Transactional : Example\InnerService
Example\InnerService__AopProxied::save
PDOMock::rollback
```

和抽象度的一致，使程序的维护性保持在比较高的状态。另一方面，由于这样的处理在代码层割裂了应用程序的处理流程，也有可能会造成调试困难的情况。

理想的环境是通过IDE（Integrated Development Environment，集成开发环境）等的工具支持，把分割了的代码再重新集成，使开发人员可以确认。但是对PHP的AOP程序库来说，还不存在这样的支持环境。在开发应用程序独有的特殊方面时，最好要考虑到这一点。有关AOP的应用，在《产生式编程：方法、工具与应用》[9]的第8章里有详细叙述，推荐感兴趣的读者阅读此书。

用程序里到处出现，是造成代码纠葛的原因，随着项目的推进，代码会变得越来越复杂。应用关注点分离技术可以防止代码纠葛，保持设计思想

---

9 Krzysztof Czarnecki、Ulrich W.Eisenecker 著，梁海华译，中国电力出版社，2004。

AOP和DI

　　Spring框架是以整合了DI容器和AOP的形式提供的。与之相似的是整合了Symfony的DI容器的JMSAopBundle。

　　在实际的项目中，经常会想要利用方面中的某些依赖包。因此，记述方面时需以DI的结构为前提才可记述。如果在使用了DI容器的项目中插入本文所介绍的GO！框架，就需要另外设计将代码清单8第23~25行的依赖解决处理和DI容器一同执行的机制了。

JavaScript 应用最前沿
来自大规模开发现场

第 9 回

文/freee 股份有限公司　若原祥正　WAKAHARA Yoshimasa　译/kaku
URL http://waka.hatenablog.com/　mail y.wakahara@gmail.com
Github waka　Twitter @yo_waka

抢先看 Web Components
JavaScript、HTML、CSS 的打包再利用！

大家好，我是 freee 公司的若原祥正。很荣幸从这篇文章开始参与本连载，请大家多多关照。作为本连载的第九回，我们来讨论一下 W3C（World wide Web Consortium，万维网联盟）的新提案 Web Components。

客户端 UI 组件化的问题

通常，Web 应用的 UI 不单是由 JavaScript，而且还是由 HTML、CSS、JavaScript、图片等组合成一个 UI 组件来表现的。目前这种 UI 组件化存在如下几个问题。

UI 过于丰富导致 UI 组件臃肿

最近，使用 CSS3 的 Media Queries 和 Animation 等特效变得十分流行。另外，JavaScript 也越来越追求实现那些用单纯的 DOM（Document Object Model，文档对象模式）装饰已无法满足的高级功能。

这样的结果就是在 UI 组件中包含的代码量大大超过以前。单是维护如此巨大规模的代码就会消耗很多成本不说，使用端也同样，明明使用的只是一个 UI 组件，但为了装饰却必须要加入更多的 HTML，反而无法集中精力在数据展现上，这正是 UI 组件化的缺点之一。

UI 组件化的构成因库和服务的不同而有所差异

想将公司内部某个服务的 UI 应用在自己负责的服务中，但因为使用的库不同，所以不能直接使用 UI 组件。没有办法，只好重做或修改后自己来维护。这种情况大家经常遇到吧。

目前，如果仅就 JavaScript 而言，还可以使用支持包管理功能的库来重复利用 UI 组件，但如果组件中含有 HTML 和 CSS 的话，就只能去逐个读取而无法重复利用。

另外，还有很多在使用时需要处处留意的事情，例如 DOM 元素按 UI 组件的样式设置完后，读取的 CSS 与服务器中已有的 CSS 是否有冲突等。

什么是 Web Components

Web Components 是由 W3C 最新提出的、用来提供 Web UI 组件的工具。它包含了 HTML Templates、Custom Elements、Decorators、Shadow DOM、HTML Imports 等各种在浏览器上制作 Web UI 组件的部件，并将这些部件组合成一个 UI 组件供开发者使用，因此被命名为 Web Components。

具体来说，Web Components 为开发者提供了以下功能。

- HTML 模版（HTML Templates）
- 自定义 HTML 元素（Custom Elements）
- DOM 元素、CSS 样式、JavaScript 的打包（Shadow DOM）
- 将 HTML、CSS、JavaScript、图片以一个 UI 组件的形式导入（HTML Imports）

如果 UI 是按照 Web Components 的设计实现的,那么不管其他服务使用的是什么样的 JavaScript 和 CSS 库,都能够重复使用 UI 组件。

而且,如果使用 Shadow DOM(后文会介绍),还可以实现 DOM 的打包,从而制作对用户可见但不可访问的 DOM 元素。

构成 Web Components 的设计

首先介绍一下在 W3C 的 *Introduction to Web Components* [1] 中记载的、构成 Web Components 的相关设计。关于 Decorators,因其目前还只停留在概念阶段,没有具体的设计提案,本文就不做介绍了。

HTML Templates

目前,在客户端中将 HTML 作为 Templete 来处理的方法主要有两种。

- 把 HTML 写成字符串,用 JavaScript 的 interHTML 添加到 DOM 树中
- 用 JavaScript 生成 DOM 元素,添加到 DOM 树中

第一种方法,虽然没有评价并执行将 img 元素和 script 元素添加到 DOM 树中,但如果没有对输入值做适当的 HTML escape 处理,就会有遭受到 XSS(Cross-Site Scripting,跨站脚本攻击)的危险。

第二种方法,把值设置到 innerText 等中虽然比较安全,但缺点是在创建庞大的 HTML 时,代码量会增加,可读性会变差。

HTML Templates(代码清单 1)可以消除这些缺点。虽然在 template 元素中记载的 HTML 是作为 DOM 来解析的,但因保存了 Document Fragment [2],所以在载入画面时不需要描画其中的元素。

---

① https://dvcs.w3.org/hg/webcomponents/raw-file/tip/explainer/index.html
② 可以把画面中的文档树做成别的结构的节点。

▼ 代码清单 1　template 元素的定义

```
<template id="template-item">
  <div>
    <span class="name"></span>
  </div>
</template>
```

▼ 代码清单 2　查看 template 元素

```
var template = document.getElementById('template-item');
var content = template.content;
var nameEl = content.querySelector('.name');
nameEl.innerText = 'yo_waka';
var itemEl = document.querySelector('item');
itemEl.appendChild(content.cloneNode(true));
```

▼ 代码清单 3　指定 extends 属性

```
<element name="my-button" extends="button">
  <template>
    <style scoped>
      :host {
        display: content;
      }
      .my-button {
        display: inline-block;
        min-width: 100px;
        padding: 3px 6px;
        border: 1px solid #999;
        background-color: #fff;
        font-size: 14px;
        text-align: center;
      }
    </style>
    <div class="my-button"></div>
  </template>
</element>
```

template 元素的内容,可以通过 content 属性来查看(代码清单 2)

Custom Elements

顾名思义,Custom Elements 就是用户可以自由定义 DOM 元素。

■ 基本的使用方法

element 元素的 name 属性在指定新定义的元素名时要包含 "-"(半角破折号)。另外,使用 extents 属性可以在浏览器不支持自定义元素时指定替换显示的元素(代码清单 3)。

使用自定义元素时,要把自定义元素 name 属性的值指定给 is 属性。这时,若指定了自定义元素的 extends 属性,原元素必须是 extends 指

▼代码清单4　在浏览器中显示代码清单3

```
<style scoped>
  :host {
    display: content;
  }
  .my-button {
    display: inline-block;
    min-width: 100px;
    padding: 3px 6px;
    border: 1px solid #999;
    background-color: #fff;
    font-size: 14px;
    text-align: center;
  }
</style>
<div id="some" class="my-button">
  <span>Click!</span>
</div>
```

▼代码清单5　my-button元素的HTMLElement扩展

```
<element name="my-button" extends="button">
  <script>
    ({
      // ❶
      hello: function() {
        alert('Hello!');
      }
    });
  </script>
</element>
```

▼代码清单6　my-button元素的生命周期的定义

```
<element name="my-button" extends="button">
  <template>
    <span>This is custom element.</span>
  </template>
  <script>
    var parentNode = document.currentScript.parentNode
    var template = parentNode.querySelector('template');
    ({
      hello: function() {
        alert('Hello!');
      },
      readyCallback: function() {
        this._root = this.createShadowRoot();

        var content = template.content.cloneNode();
        this._root.appendChild(content);
      },
      insertedCallback: function() {
        alert('Hi');
      },
      removeedCallback: function() {
        alert('Bye');
      }
    });
  </script>
</element>
```

定的元素。例如代码清单3中的my-button元素，需要指定button元素为自定义元素。

```
<button id="some" is="my-button">
  <span>Click!</span>
</button>
```

如果是支持自定义元素的浏览器，就可以置换代码清单4中的DOM元素。当然，用JavaScript的createElement也可以生成自定义元素。

```
var buttonEl = document.createElement('my-button');
```

■ HTMLElement原型扩展

不仅如此，这个元素的HTMLElement原型还可以扩展。如代码清单5所示，自定义元素中添加了hello方法（❶）。需要注意的是element标签中记述的JavaScript的文档对象并不是window，而是element元素。

■ 自定义元素的生命周期管理

可以定义3个方法管理自定义元素的生命周期。

* readyCallback（生成自定义元素）
* insertedCallback（将自定义元素插入DOM树中）
* removeedCallback（将自定义元素从DOM树中删除）

用这些方法来实现添加/删除DOM元素事件的处理，不仅写法简单，而且还可以防止内存容易泄露的问题（代码清单6）。

■ 使用JavaScript的注册方法

即使不使用element标签，也可以使用JavaScript的document.register方法来注册自定义元素（代码清单7）。自定义元素的原型对象是由HTMLElement的原型对象继承而来的（❶），并指定第一参数为extends属性，第二参数为name属性，第三参数为完成的原型对象（❷）。

Shadow DOM

Shadow DOM是用于打包HTML元素内部结构的部件。打包后的DOM称为Shadow DOM。

为了能将 Shadow DOM 保存至名为 Shadow Trees 的特殊空间内,会将其完全隐藏至父元素的 DOM 中。这样,虽然在浏览器中显示了 Shadow DOM,但即使查看 HTML 代码也看不到 Shadow DOM [③]。

video 等元素是使用了 Shadow DOM 的典型 HTML 元素。通常在 Chrome 开发者工具等中可以看到 video 元素的 DOM 树,但是画面中显示的播放按钮和拖动条却完全看不到。

```
<video controls autoplay poster="firstframe.jpg"
width="320" height="240"></video>
```

在 Settings 中勾选 Show Shadow DOM,再次查看 video 元素的内容,结果如图 1 所示。"#document-fragment" 会显示出来,其中播放按钮和拖动条的 HTML 元素代码也可以看见了。这就是 Shadow DOM。

开发者将 Shadow DOM 和 Custom Elements 组合起来使用,就能以简单的形式提供给用户 UI 组件,且该组件拥有 video 元素这样复杂的 DOM 结构。

■ Shadow DOM 的生成

Shadow DOM 是使用 createShadowRoot 方法生成的。调用 createShadowRoot 方法并添加 Shadow DOM 的元素称为 Shadow Host。由 createShadowRoot 方法生成 Shadow DOM 后,成为 Shadow DOM 起点的对象称为 Shadow Root。

代码清单 8 为将 HTML Templates 准备好的模版作为 Shadow DOM 插入的例子。想保留 Shadow Host 的 DOM 元素时,可以在 Shadow DOM 中写入 content 元素(❷),这样就会被置换并显示。

而且此时可以通过设置 content 元素的 select 属性来选择并过滤保留的元素。代

[③] 在 Chrome 的开发者工具中可以看到。

码清单 8 中,将 Shadow Host 元素中的 class 属性指定为 "item" 的元素(❶),显示在了 content 元素的位置。

在 Shadow DOM 元素内定义的样式,不影响 Shadow DOM 外部的 DOM 树。

向使用 Shadow Host 元素的 webkitCreateShadowRoot 方法做成的 Shadow Root 中,添加成为 Shadow DOM 的元素(❸)。

▼ 代码清单7　用 document.register 注册自定义元素

```
// ❶
var p = Object.create(HTMLButtonElement.prototype, {
  hello: function() {
    alert('Hello!');
  },
  readyCallback: function() {
    this._root = this.createShadowRoot();

    var content = template.content.cloneNode();
    this._root.appendChild(content);
  },
  insertedCallback: function() {
    alert('Hi');
  },
  removedCallback: function() {
    alert('Bye');
  }
});
// ❷
var MyButton = document.register('button', 'my-button', {
  prototype: p
});
var myButton = new MyButton();
```

▼ 图1　在 Chrome 的开发者工具上显示 video 元素的 Shadow DOM

139

▼ 代码清单8　shadow-dom.html（部分摘录）

```html
<style>
  .item {
    background-color: #cc3333;
    color: #fff;
  }
</style>
<div id="shadow-host">
  <div class="item">Original element 1</div><!-- ❶ -->
  <div class="item">Original element 2</div><!-- ❶ -->
</div>
<section id="shadow-tree">
  <style scoped>
    .shadow-item {
      background-color: #ccc;
      color: #000;
    }
    <!-- ❶ -->
    .item {
      display: none;
    }
  </style>
  <div>
    <div class="shadow-item">Shadow item 1</div>
    <content select=".item"></content><!-- ❷ -->
    <div class="shadow-item">Shadow item 2</div>
  </div>
</section>
<script>
  var shadowHost =
    document.getElementById('shadow-host');
  var shadowRoot =
    shadowHost.webkitCreateShadowRoot();
  var shadowTree =
    document.getElementById('shadow-tree');
  // ❸
  shadowRoot.appendChild(shadowTree);
</script>
```

■ Shadow DOM 内部的事件

　　Shadow DOM 内部发生的事件，在向 Shadow DOM 外部的 DOM 元素广播时，要将 Shadow Host 的元素设置为 event.target。但是需要注意，若如下两个条件中满足任意一个，事件流都会在 Shadow 内停止，无法向外部的 DOM 元素广播。

- event.relatedTarget 和 event.target 在同一 Shadow DOM 中
- 事件种类为 abort、select、change、reset、resize、scroll 或 selectstart

　　如果在这些情况下仍想向 Shadow Host 外部广播事件，需要将事件变成自定义事件（代码清单9-❶），修改事件对象的 relatedTarget 属性（❷），并从 shadow Host 元素触发单独的事件（❸）。

HTML Imports

　　HTML Imports 是可以将自定义元素的 HTML 文件作为外部文件导入的部件。指定 link 元素的 rel 属性为 import，就可以把外部文件的 UI 组件导入并使用了。

```html
<link rel="import" href="./my-button.html">
```

使用Polymer尝试Web Components

　　在 Google I/O 2013 上，Google 在 GitHub 上公开了名为 Polymer[4] 的库，它是作为 Web Components 的 Polyfill[5] 来实现的 JavaScript 库。使用 Polymer 可以轻松地在还未支持 Web Components 的浏览器中尝试 Web Components 的功能。截至 2013 年 7 月，Polymer 发布的最新版本为 0.0.20130711[6]。

　　我们来尝试使用 Polymer 做一个可以确认 Web Components 动作的 UI 组件吧[7]。

导入 Polymer

　　移动到已下载的示例代码所在的目录中，从 GitHub 上 clone 出 Polymer 的源代码。

```
$ cd /{示例代码的目录}/list
$ git clone git://github.com/Polymer/polymer-all.git
--recursive ./vendor/polymer-all  实际为1行
```

　　本示例从 clone 后的源代码中导入并使用 polymer.js（代码清单10）。

　　另外，为使 HTML Imports 在 Polyfill 中可以使用，需要用到 XHR（XMLHttpRequest），所以还需要搭建本地服务器并从浏览器进行访问。

　　如果是已经安装了 Ruby 的环境，可以在 clone 了 Polymer 的目录中从终端执行下面的命令，这样就会在本地启动以当前目录为根目录、

---

④ http://polymer-project.org/
⑤ 使浏览器可以实现那些自身尚未支持的功能的工具。
⑥ 后文的代码和设计全部基于此版本。
⑦ 示例代码可以在图灵社区的支持页面中下载。打开 http://www.ituring.com.cn/book/1271，点击"随书下载"。

▼ 代码清单9　shadow-dom-event.html（部分摘录）

```
<div id="shadow-host-3-wrap">
  <div id="shadow-host-3">
    <h2 class="item">用Shadow Host处理事件(动作)</h2>
  </div>
</div>
<template id="shadow-tree">
  <style scoped>
    .shadow-item {
      background-color: #ccc;
      color: #000;
    }
    .item {
      display: none;
    }
  </style>
  <div>
    <content select=".item"></content>
    <select class="menu">
      <option value="1" selected>Option 1</option>
      <option value="2">Option 2</option>
      <option value="3">Option 3</option>
    </select>
  </div>
</template>
<script>
  (function () {
    var shadowHost =
      document.getElementById('shadow-host-3');
    var shadowRoot =
      shadowHost.webkitCreateShadowRoot();
```

```
    var shadowTree =
      document.getElementById('shadow-tree').content.
cloneNode(true);
    shadowRoot.appendChild(shadowTree);

    var menu = shadowRoot.querySelector('.menu');
    var outsideEl =
      document.getElementById('shadow-host-3-wrap');

    // Shadow Dom内部select元素的change事件handler
    menu.addEventListener('change', function(evt) {
      evt.preventDefault();
      evt.stopPropagation();

      var newMenu = this.cloneNode(true);
      newMenu.value = this.value;

      var newEvt =
        document.createEvent('HTMLEvents'); // ❶
      newEvt.initEvent('change', true, true);
      newEvt.relatedTarget = newMenu; // ❷
      shadowHost.dispatchEvent(newEvt); // ❸
    }, false);

    // 从Shadow Host获取公开的事件
    outsideEl.addEventListener('change', function(evt) {
      alert('Value: ' + evt.relatedTarget.value);
    }, false);
  })();
</script>
```

端口号为 8000 的简易 HTTP 服务，接下来就可以确认 Polymer 的动作了。

```
$ ruby -run -e httpd -- . --port 8000
```

从浏览器中打开 http://localhost:8000/index.html，就可以实际执行示例代码。

UI组件的实现

　　将能够从 list 中选择一个 item 的 my-list 元素，和其中作为 item 的 my-list-item 元素作为自定义元素来实现，就可以将其作为外部文件导入并使用。

　　将 selected 属性作为初始选择项接收，将选择菜单等中的 DOM 元素和样式作为 Shadow DOM，对用户隐藏其 HTML 代码。

　　使用方法如下。

```
<my-list selected="1">
  <my-list-item value="1">First item</my-list-item>
</my-list>
```

■ 自定义元素的定义

　　首先制作 my-list.html（代码清单 11），定义

▼ 代码清单10　导入 Polymer（ list/index.html ）

```
<!DOCTYPE html>
<html>
  <head>
    <meta charset="utf-8">
    <meta http-equiv="X-UA-Compatible" content="IE=edge,chrome=1">
    <script src="./vendor/polymer-all/polymer/polymer.js"></script>
  </head>
  <body></body>
</html>
```

自定义元素。指定 attributes 为 selected（❶），就可以在 javascript 的文档对象中将其作为 this.selected 处理从外部收到的属性值。所有 my-list-item 元素都会被插入到 content 元素的位置上（❷）。

　　然后，将 list 内的 item 做成 my-list.item.html（代码清单 12 ）。可以指定的属性值为 value。my-list 元素中 selected 指定的值和 value 一致的项目会成为被选中状态。

■ 初始状态的定义

　　根据 selected 属性值，把该子元素的类名设置为 selected（代码清单 13-❶）。

▼ 代码清单11　list/my-list.html（部分摘录）

```
<element name="my-list" attributes="selected"><!-- ❶ -->
  <template>
    <content id="items" select="*"></content><!-- ❷ -->
  </template>
  <script>
    Polymer('my-list', {
      selected: null
    });
  </script>
</element>
```

▼ 代码清单12　list/my-list-item.html（部分摘录）

```
<element name="my-list-item" on-tap="selectHandler" attributes="value">
  <template>
    <div class="list-item">
      <span>Item:</span>
      <content></content>
    </div>
  </template>
  <script>
    Polymer('my-list-item', {
      value: null
    });
  </script>
</element>
```

▼ 代码清单13　list/my-list.html（部分摘录）

```
Polymer('my-list', {
  ready: function() {
    var selected = this.getAttribute('selected');
    if (selected) {
      var index = this.valueToIndex(selected);
      if (typeof index == 'number' && index > -1) {
        this.toggleSelected(index);
      }
    }
  },

  get items() {
    return this.$.items.getDistributedNodes();
  },

  valueToIndex: function(inValue) {
    for (var i = 0, items = this.items, c; (c = items[i]); i++) {
      if (this.valueForNode(c) == inValue) {
        return i;
      }
    }
    return inValue;
  },

  valueForNode: function(inNode) {
    return inNode['value'] || inNode.getAttribute('value');
  },

  toggleSelected: function(selectedIndex) {
    this.items.forEach(function(item, i) {
      // ❶
      item.classList.toggle(
        'selected', selectedIndex === i);
    });
  }
});
```

■ 事件handler的定义

想要点击item后使其成为被选中状态，就要把点击时的事件hendler定义为my-list.html。element的属性如下所述。

on- 事件名 ＝ "事件handler名"

这样，当事件发生时，指定好的事件handler就会被执行（代码清单14-❶）。

为了能够通过使用my-list元素的HTML（list/index.html）获取选择时的事件，要把select事件置于可以触发的状态。

■ 使用已经完成的UI组件

使用HTML Imports让my-list.html、my-list-item.html变成可以使用的状态（代码清单15-❶❷）。

观看画面的用户只能看到简单的HTML。并且，使用UI组件的用户也感觉像在使用普通的HTML标签那样，使用自定义元素标签。类似于JavaScript提供了哪些干扰、CSS提供了哪些样式、HTML标签构造是怎样的这些问题，只有UI组件的开发者才可以看到。

另外，开发者还可以自行决定Shadow DOM的适用范围，也就是要将HTML公开到何种程度。

Web Components 和其他 HTML5 提供的功能的组合

Web Components的组件化虽然已经实现了，但是各UI组件内部的脚本很容易过于复杂的问题还没解决。在这里，若使用ES.harmony的Object.observe[8]来监视数据的变化，就可以使UI组件内支持MVC（Model-View-Controller）。例如，监视文本框中输入的值，输入事件的处理就可以从view中脱离出来，从而降低使用了显示/编辑模版的显示处理的频率。

从以Backbone.js为代表的MVC库的受欢迎程度来看，将来很可能会出现可以轻松处理

---

⑧ 已在Chrome Canary或Chrome Devchannel中实验性实现。从chrome://flags中将"启用实验性JavaScript"设置为有效后就可以使用了。

▼ 代码清单14　list/my-list.html（部分摘录）

```html
<element name="my-list" on-click="clickHandler" attributes="selected"><!-- ❶ -->
  <script>
    Polymer('my-list', {
      // 点击时执行的事件handler
      clickHandler: function(evt) {
        var items = this.items;
        var item = items[i];
        var i =
          this.findDistributedTarget(evt.target, items);
        if (i >= 0) {
          var selected = this.valueForNode(item) || i;
          this.selected = selected;
          this.toggleSelected(i);
          // ❷
          this.asyncFire('select', {item: item});
        }
      },

      findDistributedTarget: function(target, nodes) {
        while (target && target != this) {
          var i =
            Array.prototype.indexOf.call(nodes, target);
          if (i >= 0) {
            return i;
          }
          target = target.parentNode;
        }
      }
    });
  </script>
</element>
```

Web Components 的 MVC 库。例如，Polymer 已经提供了将 Object.observe 和 Mutation Observer 组合的名为 MDV（Model Driven View）的部件，使用该部件可以实现双向绑定。

总　结

使用 Web Components 不仅能够提供易于使用的 UI 组件，而且还可以用来打包用户的内容。

虽然这些还是处在起草阶段的设计，今后还可能发生变化，但是 Web Components 的应用很可能会改变 UI 开发的工作流程，所以大家从现在开始关注一下也是很有必要的。

▼ 代码清单15　list/index.html

```html
<!DOCTYPE html>
<html>
  <head>
    <meta charset="utf-8">
    <title>list sample</title>
    <script src="./vendor/polymer-all/polymer/polymer.js"></script>
    <link rel="import" href="./my-list.html"><!-- ❶ -->
    <link rel="import" href="./my-list-item.html"><!-- ❷ -->
    <style>
      section {
        display: block;
        padding: 10px;
      }
    </style>
  </head>
  <body>
    <section>
      <my-list selected="2">
        <my-list-item value="1">Apple</my-list-item>
        <my-list-item value="2">Orange</my-list-item>
        <my-list-item value="3">Banana</my-list-item>
      </my-list>
    </section>
    <script>
      var list = document.querySelector('my-list');
      list.addEventListener('select', function(evt) {
        alert(
          'Selected index: ' + evt.target.selected);
      });
    </script>
  </body>
</html>
```

文/奥野干也 OKUNO Mikiya　日本Oracle股份有限公司　Twitter:@nippondanji　译/honnkyou

使用RDBMS顺利处理图的方法

第8回

图的结构及种类

本回的主题是图。这里所说的图并不是指做简报时使用的那种感官图，而是仅指图论中的图形。

RDBMS不擅长处理图，因此在设计数据库时有必要仔细考虑如何处理图数据结构。不能因为不擅长，就冒冒失失地去处理，而是要采取有效的对策。首先要了解图到底是什么，换句话说就是要判断面临的是不是图的问题。正所谓知己知彼百战百胜，了解图是克服图处理问题的第一步。

 图的结构

本文并不打算详细阐述图理论，只是简单介绍一下图的结构及种类。图论中的图是使用"顶点"（Node）和"边"（Edge）来描述事物之间关联性的数据结构，由若干顶点及连接顶点的边所构成，图1就是典型的图的示例。

通常一张图中会有若干条边连接各点，各边的连接方式由图的性质来决定，处理的难度也会随之变化。虽然顶点大多如图1所示贴有标签，但仅从几何学角度处理图的形状时，有时也不会贴标签。如果顶点贴了标签，那么顶点间的边通常

▼ 图1　典型的图的示例

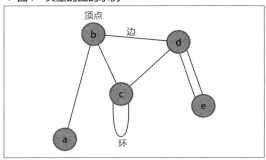

用两端标签的组合来表示，例如顶点a与顶点b之间的边就用ab来表示。

 图的性质

描述图的性质时使用的术语如表1所示。本文后续的讲解中会经常使用这些术语，请大家预先了解下。

 图的应用实例

讲解的顺序可能有些跳跃，但为了让大家对图的具体内容有个印象，笔者在这里介绍几个图的应用实例。假如，出现下面这些情况时就可以使用图来构建数据模型。

- 社交网络
- Web页面链接
- 电路
- 化学方程式
- 路线图
- 组织图
- BOM（零部件清单）
- 论坛
- 文件系统

要处理的数据结构类似于上面几种情况即可视为图，该类数据结构可能构造不出关系型模型，意识到这点即迈出了解决问题的第一步。接下来尤为重要的就是判断对象图属于哪一种类。

请各位读者假设在现实中要将上述结构的数据抽象成模型，再继续阅读接下来的内容。

 图的种类

根据表1中介绍的图的性质的有无，图可以分为不同类型（表2）。

▼表1 表示图的性质的主要术语

术语	说明
邻接	两个顶点间存在边，就可以说这两点邻接，也可称为连接
次数	某一顶点的次数指的就是与其邻接的顶点的个数。图1中各顶点的次数为1~4
通路（walk）	由某一顶点到达另一顶点经过的所有边的序列。图1中由a到达c的ab、bd、dc边的序列就是通路。通路是任意有限的序列，重复通过同一顶点，或者通过同一边都可以（例：ab、bd、db、bd、bc）
简单通路（trail）	同一边只经过一次的通路
基本通路（path）	同一顶点只经过一次的通路。图1中由a到达c的ab、bd、dc的通路中既有简单通路也有基本通路。顺便说一句，文件夹的路径用法是由图论的基本通路演变而来。本文中基本通路这一概念将使用"路径"一词表示
多重边	某一顶点与另一顶点间存在复数条边的状态称为多重边。一般的图中也可以存在几条多重边。是否允许多重边对图的性质有很大的影响。含有多重边的图中不能使用ab这样的顶点组来表示边，而是需要给边贴标签加以识别
环（loop）	从某顶点出发又回到该点的一条路径（边）。环的关键在于通过loop又回到原来的顶点
回路	由某顶点开始到达相同顶点的通路。loop也是回路的一种。另外具有多重边的两个顶点也是回路。回路的关键在于起点与终点相同，而且不通过同一顶点两次。图1中bc、cd、db是回路，ab、bc、cb、ba就不是回路
连通	在且仅在图中所有的两个顶点间都存在通路时，可以说该图是连通的。换种更容易理解的说法，连通就是图被连接成了一个整体。通常在处理图时，处理对象大多默认为连通状态，可以说任意顶点间相连是非常重要的性质
子图	从某图中删除任意边或顶点后剩余的图。
割集※	某连通图中，删除后即可使该子图不能连通的边的集合称为拆分集合。拆分集合中无论缺哪条边都不能称为拆分集合，换句话说，只有真子集不能解除连通的集合称为割集。例如图1中的{bd,bc}就是割集
桥	若割集中只有一条边，则称该边为桥。例如图1中{ab}就是桥
边的方向和权	根据对象问题的主题，图的各边都标有方向与权（图1的图中都没有标）

※ 为了表示集合而使用了大括号。

SQL与图的相容问题

只是存储数据的话，用关系型模型来表现图是非常简单的。分别存储顶点的集合与边的多重集合（简单图的话就是集合）就足够了。这种模型称之为邻接列表模型。

可能有人会觉得"用关系型数据库处理图岂不是很简单？"但世上是不会有这么容易的事情的。问题的关键不在于存储而在于查询。数据库真正发挥其价值的地方在于能找到需要的数据。只是单纯地将图以邻接列表模型的方式存储到数据库中，是不能通过特有的查询命令找到图的。

针对图的查询

针对图的查询有下列几种情况。

- 是否存在由某个顶点A到另一顶点B的路径
- 若存在A到B的路径，则查询最短路径
- 在某一顶点所能到达的其他顶点中，选出相距最短的10个

- 图是否是平面图
- 图中是否存在回路
- 是否存在所有边仅通过一次就可以回到原点的简单通路（即是否存在欧拉图）
- 是否存在虽回不到原点，但所有边都仅通过一次的简单通路（即是否存在半欧拉图）
- 是否存在所有顶点仅通过一次就可以回到原点的简单通路（即是否存在哈密尔顿图）
- 是否存在虽不能返回原点，但所有顶点都仅通过一次的路径（即是否存在半哈密尔顿图）
- 查询经由所有顶点后返回原点的最短路径（旅行商问题）

针对图的问题还有很多，为了从邻接列表中获取上述问题的答案而进行的查询是无法用SQL实现的。究其原因到底是为什么呢？

无向图表示

假设我们想在图5的赋权图中，找到两个顶点间最短的路径。就选从a到f的最短路径吧。

▼表2　图的种类

图	说明
一般图	边的连接方法没有限制的图,可以直接称为图。因为没有限制所以图的自由度很高,很难看出其规范性,所以处理也变得困难了。图1就是一般图
简单图	不含多重边和环的图(图2)。简单图处理起来比一般图容易,所以使用图解决问题时,常采用先在简单图中求解,再推广至一般图的方法
非连通图	如图1、图2那样任意两个顶点间都存在通路的图称为连通图,相反存在不能到达的顶点的图称为非连通图(图3)。连通图处理起来比非连通图容易。多数情况下在连通图中求的解能推广至非连通图中
完全图	简单图中所有的顶点都通过边互相邻接的图(图4)。顶点数为n时要与n−1个顶点邻接,所以完全图的边数正好为1/2n(n−1)
正则图	任意顶点的次数都相同的图。完全图是正则图的一种。另外呈正多面体形状的图也是正则图
平面图	任意边没有交叉的图。这种图能够在平面上表示,例如印刷基板之类的都是平面图。使用平面图,能解决例如表示某回路需要多少层印刷基板的问题。图4是一个非平面图的例子
有向图	边以一个方向连接的图称为有向图,不固定方向的为无向图。图1是无向图。在什么情况使用有向图、什么情况使用无向图要根据表示的对象来判断。例如道路模型化时必须要考虑通行方向的统一,这时就需要使用有向图
赋权图	通过给各边赋值,表现顶点间距离或到达所用时间等成本的模型。可利用其搜索最短路径或者计算某顶点间的吞吐量(图5)
树	虽然树结构也用来表示数据,不过这里的树是指简单图中一种极为特殊的情况,是简单图中最简单的结构(后面会介绍)。因为树这种特别的简单性,所以存在很多种只能应用于树的技术

▼图2　简单图的示例

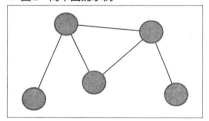

▼图3　非连通图的示例

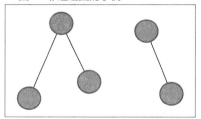

▼图4　完全图的示例

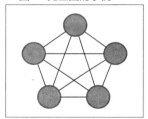

▼图5　赋权图的示例

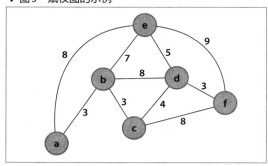

常方法无法实现,原因在于边本身就是以一个整体存在的,不能使用两个字段表示,而应用一个字段值表示。

能够表示边的数据类型的是类似于元素数目为2的集合。因为集合中没有顺序,所以能将集合作为一个属性来处理。但遗憾的是,SQL中不存在这样的数据类型。

因此,不能用RDBMS很好地表现无向图是我们面临的第一个难题。

■ 转换为有向图的情况

如果是有向图,边的起点和终点能够用Start_node、End_node等来表示。那么,如果将图5的图从无向图转换为全双重的有向图会如何呢?确实表的定义变得简洁了,但是原本应该处理无向图的地方变成了有向图,整个模型也就与本来的意

解决上述问题,必须将图5的图显示在RDBMS上。用邻接列表表现的赋权图如图6所示。

但是图6存在一个问题,即Edges表不符合第一范式的要求。Node1、Node2重复出现多值,这点不满足第一范式规定的条件。边的模式化用通

图背道而驰了。也就是说，记录查询的算法不得不改变而使得本末倒置。不过，如果改变算法能得出期望的答案的话也没有什么问题。因此，谨慎是需要的，但有时也可以适当地考虑转换模型。图7所示的就是转换为有向图表示时的Edges表。

从关系型视角来理解模型

将无向图转换为全双重有向图，虽然从图论上来说模型发生了变化，不过从关系型视角（本来这些就是毫无关联的理论）来看，这种变化总归比采用不符合第一范式的表示要好得多。关系型模型中，关系即存储在SQL表中的"真命题的集合"。"从a经三步可到达b"与"从b经三步可到达a"都是由"a与b间隔三步邻接"这一事实推导出来的结果。

关系是明确了的事实的集合，所以，即使没有能直接处理的模型，只要有能够将其分解为更细微的事实的集合的方法，也会与关系型模型有更高的吻合度。

■ 用矩阵表示图

能够用于表示图的数学模型中，除了列表以外还有矩阵（图8）。

以连接各顶点的边所占的比重为元素的称为邻接矩阵[①]。怎么将这个矩阵对应到表中呢？遗憾的是，目前还没有很好的方法能做到。这是因为关系与矩阵是两个完全不同的概念。

矩阵是一个二维结构。行与列各自的顺序都已确定，元素以二维的方式添到其中。但另一方面，关系中的属性（Attribute）和组（Double）都是没有顺序的。SQL中与属性相对应的列虽然有顺序，不过与组相对应的行也没有什么顺序[②]。

另一个原因是，表是一种不能任意增加列的结构。每次增加顶点时执行 ALTER TABLE edges

① 除此以外，还有表示了哪个顶点连接到哪条边的连接矩阵。
② 除非指定 ORDER BY，否则无法保证 SELECT 结果的顺序。排序不在关系型模型讨论的范围内。

▼图6 邻接列表的示例

Nodes

Node
a
b
c
d
e
f

Edges

Node1	Node2	Weight
a	b	3
a	e	8
b	c	3
b	d	8
b	e	7
c	d	4
c	f	8
d	e	5
d	f	3
e	f	9

▼图7 转换为有向图的情况

Edges

Start_node	End_node	Weight
a	b	3
a	e	8
b	c	3
b	d	8
b	e	7
c	d	4
c	f	8
d	e	5
d	f	3
e	f	9
b	a	3
e	a	8
c	b	3
d	b	8
e	b	7
d	c	4
f	c	8
e	d	5
f	d	3
f	e	9

▼图8 用矩阵表示的无向图

Edges

	a	b	c	d	e	f
a	0	3	0	0	8	0
b	3	0	3	8	7	0
c	0	3	0	4	0	8
d	0	8	4	0	5	3
e	8	7	0	5	0	9
f	0	0	8	3	9	0

147

ADD等语句的处理都非常花费时间。原本关系就是需要事先定义好模型，然后再使用的。为了将数据包含在列定义的元数据中，必须要动态追加列，这样的设计称为三重元数据的反模式。

■ 矩阵表示的界限

到目前为止，用关系或者表来表示矩阵的尝试都以失败告终。顺便说一句，图8中矩阵各元素用一行表示的话就是图7。从图8的矩阵推导出的事实集合与图7 Edges表的意义相同。但是，图7的Edges表未必能还原为图8，这一点需要注意。这就是使用关系型模型建模的界限。

 针对图的查询

模型的优缺点暂且不提，我们先来看一下图7这个表示有向图的表。目前面临的最大的问题是：如何描述"由a点到f点的最短路径是哪条"这一查询呢？

首先我们来试试由顶点a出发，求得经由第n个边到达的某个顶点的方法。具体做法如下所示。

首先，与a邻接的顶点可以用以下语句求出。

```sql
SELECT End_node FROM Edges
WHERE Start_node = 'a'
```

顺便说一句，该查询得出的顶点为b和e。那么，接下来的顶点，也就是通过该查询得到的顶点的邻接顶点要如何求出呢？按照声明式语言的管理，查询必须要写成一行。能够想到的一个解决方法就是使用自我结合（相同样式的表JOIN）。例如下面这种查询语句。

```sql
SELECT End_node FROM
Edges e1 JOIN Edges e2
ON e1.End_node = e2.Start_node
WHERE e1.Start_node = 'a'
```

再进行3次、4次……增加JOIN次数的话，就可以得出由a到达f的路线。但可能读者也已经注意到了，该方法是有问题的。

■ 声明式语言编程的弱点

最大的问题是事先无法得知要执行多少次JOIN才能求出解。SQL就是声明式语言，是描述"需要什么数据"的语言。虽然是根据给予的条件来执行查询，但后续处理的内容却不会被查询结果的数据内容所左右。

SELECT只是将最初符合提示条件的数据通过集合演算后导出并返回。因此，SELECT语句如果不在最初就明确决定好，就不可能"执行任意次数的JOIN"。

继续处理到满足条件为止，或者到搜索了所有的路径为止需要循环语句或if（条件分歧）语句的处理，这在本质上是程序式的处理。对于作为声明式语言的SQL来说，这也是其无法相容的一点。

■ 关系型模型中图的搜索

即使假设可以执行任意次数的JOIN，仅连接边起点与终点的简单JOIN语句也要通过多次回路，因此计算的效率非常低。而且，即使找出了a到f的路径，其中哪条路径最短的问题也还是没有解决。

图5中，由a到达f的最短路径（合计耗时最小的路径）是a→b→c→d→f。但还存在通过顶点数更少的路径，例如a→e→f，这条路径使用2次JOIN就可以查询出来。但是这还不是最短的一条。因此，即使找出了路径，也并不能说搜索就到此为止了。

调查所有的顶点，最多需要n−1次（n为顶点数）的JOIN。这样就可以找出可能到达f的所有路径，但不对结果排序的话也无法找出最短路径吧。

综上所述，用关系型模型也不能很好地处理图的搜索问题。

 程序式的解法

最短路径问题是一个比较难的问题，要解决该问题需要专门的算法，例如Dijkstra算法等。仅使用单一的SELECT语句不能解决最短路径问题，所以至少也要使用存储过程实现程序式算法。使用MySQL[③]的存储过程实现Dijkstra算法的示例代码如下所示。

```
mysql> call dijkstra('a', 'f');
+-----------+------+
| path      | cost |
+-----------+------+
| a,b,c,d,f |   13 |
+-----------+------+
1 row in set (0.15 sec)

Query OK, 0 rows affected (0.20 sec)
```

RDBMS中的DBMS可以调用使用了WITH语句的递归式查询，但使用它却无法实现Dijkstra算法。至于为什么不能实现Dijkstra算法，请读者务必自行思考一下。

像这样，对于图的查询，使用存储过程顺利实现的例子有很多。当然根据不同的查询复杂度，也就是根据必要的算法的不同，也有仅使用一个SELECT就能表示的，不过如果要根据各种不同的条件搜索图，还是有必要使用程序式处理的。

例如，调查"图中是否有回路"这一问题需要什么算法呢？这个问题的答案比Dikkstra算法更简单，所以请大家在练习时多多尝试使用存储过程来实现。

图数据库

仅使用顶点与边来表示数据的数据库软件称

为图数据库。在核心问题是图，且不需要设计关系型数据库的情况下，没有理由不使用图数据库。图数据库的优点就是能够更有效地描述图的搜索。

但是，整体上需要设计关系型数据库时，将所有的东西都表示成图也是不现实的。这种情况下，可以将RDBMS与图数据库并用。

刚刚介绍过的Dijkstra等算法可以从零实现所以很方便。需要计算量大的算法时，还可以用于分担RDBMS的压力、减少其负荷。但是，不需要如此高强度的算法时，本质上RDBMS的存储过程也能实现相同的功能。所以，根据处理内容的不同，有时仅使用RDBMS也是很有效的。

其他问题

用RDBMS处理图，存在的问题不仅是无法描述查询。在处理图时，RDBMS的一大优点——保证数据的整合性很难发挥。例如，应该如何描述满足下面这些条件的制约呢？

- 追加一条边后不会形成环或回路
- 即使删除一条边图还保持连通
- 图为平面图

那么，究竟该如何表示这些制约条件呢？应该每更新1行就执行庞大的触发器吗？坦白地说，RDBMS本来意义上的制约在图面前几乎毫无用武之地。但是，如果是一组顶点间最多只有一条边，即一种极端的简单图，还是可以用数据库的制约条件来表示的。

[③] https://github.com/bjornharrtell/pggraph/blob/master/dijkstra.sql
算法相同，使用其他RDBMS的读者请适当替换。

专栏

FlockDB

FlockDB[④]是在后台使用RDBMS之一的MySQL的图数据库。它由Twitter开发，遵循Apache License 2.0协议。据说Twitter使用FlockDB管理130亿条以上的边。听起来是个非常了不得的数字，但这里有比较大的取舍权衡（Trade-Off）。

FlockDB虽说是图数据库，不过不能描述搜索图的

查询，这是其最大的缺点，无法解决本文正文讨论的处理普通图时存在的问题。但相对的，对于将Twitter这样巨大的社交图数据水平分散到多台机器上的分布式管理，它却可以大展拳脚。

[④] https://github.com/twitter/flockdb

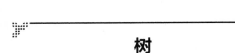

树

表2中曾提到的树到底是怎样的一种情况呢？请看图9，图9的示例就是典型的树结构图。树确实是图的一种，不过具有相当特殊的特征，是指满足下列条件的图。

- 无回路且连通
- 所有的边都是桥
- 连接任意两个顶点的路径有且仅有一条
- 任意两个非邻接的顶点相连都可以构成回路

这是数学意义上树的定义，大家可能会觉得有些绕。顺便说一句，图3中有两个连通图，每个都是一个树结构。通常情况下，在计算机中建立模型时使用的树还要满足下面的条件。

▼图9　典型的树结构图

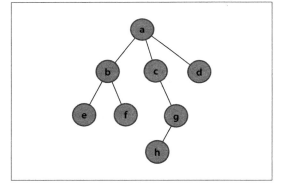

- 是具有上下关系的有向图
- 通向某顶点的边仅有一条
- 某个顶点是所有顶点的出发点（根顶点或root）
- 由根开始的距离长度可以表示为深度（阶层结构）

因为树也是图的一种，所以在关系型模型中不能得到很好地处理。但是，树与一般的（广义上的）图不同，它具有上述那些优势。从整体来看，处理图的尝试进行得不是很顺利，但只将树结构作为对象来处理的话，还是可能相对容易些的。有几种能够顺利处理树结构图的技术。由于杂志的版面原因无法详细解说，这里仅将方法整理在表3中。

另外，用各技术表示图9的树结构图的表如图10～图13所示。

总　结

本回讲解了处理普通图以及特殊的树结构图的方法。图是关系型模型中没有的概念，所以很难用RDBMS顺利处理。本文介绍了几种方法，不过在处理图或树结构图时仍然没有什么"绝对正确的方法"或者"适合的最佳方案"。

但是，根据不同的条件，图的处理也会变得很容易。特别是根据查询将需要的数据作为重点，放弃搜索不必要的深度数据，就可以选择类似

专栏

不能创建目录硬链接的原因

类Unix操作系统中，可以在文件系统中创建链接。虽然对文件能够创建硬链接，但对目录（文件夹）却只能创建符号链接。从树的性质来考虑就能够理解其原因。文件系统是树结构，所以任意两个非邻接的顶点相连都会构成回路，而从连接的那一瞬间开始，文件系统就不再是树结构。而检索文件系统的程序，大多以文件系统是树结构为前提进行检索。如果发生回路，即路径上产生循环的话，程序将不能正常运行。另外，文件系统的访问权限也是基于阶层结构建立的模型。因此，存在回路的话安全模式也会崩溃。

表3 处理树结构图的技术

名 称	概 要	优 点	缺 点
邻接列表模型	与一般的图一样，使用邻接列表来表示树	表的结构简单，可以递归查询	产品不支持递归查询时处理起来很难。根的父顶点为NULL
列举通路模型	用/a/b/c这样的通路表示路径。利用了树结构中任意顶点间只有一条通路的性质	通路中含有祖父顶点，所以不需要检索祖父顶点。用LIKE语句能够检索子孙顶点	该数据本身不是正规的数据。需要对列中的数据分解、组合
嵌套集合模型	对每个顶点使用lft、rgt这2个数值来表示包含关系的模型。"父顶点lft<子顶点lft""父顶点rgt>子顶点rgt"	无	与关系型模型的相容性不好，更新时树的重构造耗费时间
封闭表模型	列出全部有祖孙关系的顶点的模型	与关系型模型相容性好。能够使用外部键约束。容易更新	数据量增多

▼图10 邻接列表模型

Tree

node_id	parent_id
a	NULL
b	a
c	a
d	a
e	b
f	b
g	c
h	g

▼图11 列举通路模型

Tree

node_id	path
a	/a
b	/a/b
c	/a/c
d	/a/d
e	/a/b/e
f	/a/b/f
g	/a/c/g
h	/a/c/g/h

▼图12 嵌套集合模型

Tree

node_id	lft	Rgt
a	1	16
b	2	7
c	8	13
d	14	15
e	3	4
f	5	6
g	9	12
h	10	11

▼图13 封闭表模型

Tree

ancestor	descendant
a	b
a	c
a	d
a	e
a	f
a	g
a	h
b	e
b	f
c	g
c	h
g	h

FlockDB的分割解。相反，需要对图进行复杂的查询时，也没必要拘泥于RDBMS，与能够对图进行更加灵活的查询的数据库一同使用是更好的选择。

处理图时，要根据对象图的特性，以及通过查询求得的解来决定采取的策略。如果在你决策判断时本回的内容能够有所帮助，那将是笔者莫大的荣幸。

Java 的潜力
灭火工程师秘籍

数据缓存性能设计的要点

NTT 数据集团 MACASEINOU
文/大林源　OBAYASHI Gen
mail makaseinou@swh.nttdata.co.jp
URL http://www.makaseinou.com/
译/刘斌

访问增加导致的性能下降

近几年，以智能手机为代表的各种智能设备正在迅速普及，而基于互联网的BtoC领域也蕴藏着很大的商机。随着接入互联网的设备越来越多，对各种应用系统的访问量也越来越大，这也是导致系统出现宕机的一个原因。

导致系统宕机的原因中，一个特别显著的问题就是突然到来的高并发访问。如果是那些需要用户注册或登录之后才能使用其功能的系统，还可能估算出访问量。但是如果是不需要用户注册的系统，那么其潜在访问者就可能是世界上的这24亿互联网用户[1]。所以对系统的性能问题作出估算还是很困难的一件事。

本文中，作为解决高并发访问导致的性能问题的一种方法，我们将说明如何使用应用服务器（以下简称AP服务器）的数据缓存。

什么是数据缓存

简单来说，数据缓存的原理就是"通过将使用频率很高的数据存放在内存里，来提高查询数据的速度"。一般来说传统的关系型数据库（比如Oracle或者MySQL等）在实现上都采用了这种原理。为了快速地响应请求，都会在内存里设置数据缓存区。本文将主要说明在AP服务器上进行的数据缓存。

使用数据缓存的好处

AP服务器的数据缓存功能大致能达到以下两个效果。

- 提高响应速度
- 解决数据库（下面简称为DB）的性能问题

提高响应速度

图1显示的是传统的AP服务器和DB服务器之间进行通信的例子。如果不在AP服务器上实现缓存功能的话，那么系统每次都会执行❶~❺的处理[2]，即AP服务器和DB服务器之间产生通信，DB服务器上还会花费执行SQL处理的时间。也就是说，AP服务器和DB服务器之间所花费的时间❷+❸+❹也被包括在总的响应时间里。

如果我们在AP服务器上实现数据缓存功能的话情况又会怎样呢？在使用同样的数据发送请求

---

[1] http://www.internetworldstats.com/stats.htm

[2] 当然如果DB服务器的内存里进行了数据缓存的话，❸中的从磁盘读取数据的操作将会被省略。

▼ 图1　不使用缓存时的处理流程

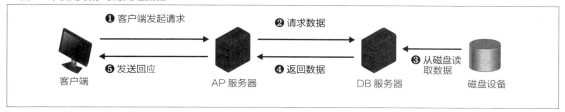

▼ 图2　使用了缓存时的处理流程

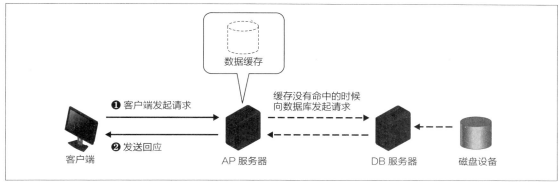

的情况下，处理过程就会如图2所示。如果缓存命中，所有请求在AP服务器内即可完成。即和DB相关的处理❷＋❸＋❹都可以省略。相比不用缓存的情况，能大大提高服务器的响应速度。

解决DB的性能问题

到目前为止，在我们部门遇到的各种性能问题中，和DB服务器相关的问题占了一大半。虽然问题是各种各样的，但是最常见的问题还是由突然出现的超过预期的访问（事务处理）导致的DB服务器负荷过重。对多数系统来说，访问量增大的话，DB服务器都会受到直接影响，DB服务器收到的请求也会增加。

使用数据缓存就能解决对DB的性能依赖问题。在进入本文的主题之前，我们先来看看如何通过硬件改善DB服务器的性能。

 通过硬件提升DB服务器的性能

通过硬件提高DB服务器的性能有两种方法可以选择，横向扩展（Scale-out）和纵向扩展（Scale-up），不过一般采用的都是纵向扩展方法。

● Scale-out（横向扩展）

横向扩展指的是通过增加服务器数量来提高系统性能的方法。在对DB服务器进行横向扩展的时候，如果对数据库的操作都是查询的话，那么可以对数据库进行镜像扩展，这种方法能线性地提高系统性能。

但是如果对数据库还存在更新操作的话，那么这种方法就会变得很复杂。既要考虑到如何保持数据的一致性，还要考虑如何在数据发生更新的时候去通知其他DB服务器。这种情况下，即使是增加服务器的台数，系统的性能也不会线性提升。

● Scale-up（纵向扩展）

纵向扩展则是在一台服务器上，通过增加CPU或者内存等硬件配置，来提高系统性能。但是如果服务器本来就很难再添加更多的硬件，这种方法就不能使用了。

 通过在AP服务器上实现缓存功能解决DB性能问题

上面我们对如何通过调整硬件来提高系统性能进行了说明。但是同时我们也知道，光从硬件入手提高系统的性能还是有一定的局限性的。

所以我们必须另想其他方法，那就是本文我们将要介绍的在应用层实现数据缓存功能。如果在 AP 服务器对数据进行缓存，那么在客户端进行查询的时候，就有可能不需要访问 DB 服务器了，从而减轻 DB 服务器的负荷。这时，单台 AP 服务器给 DB 服务器带来的压力也会减小，如果同时使用多台 AP 服务器进行横向扩展的话，那么系统整体的并发性能将会有很大的提升。

但是，对缓存对象数据也有一个重要的前提条件。这个理论只有在下面这些情况下才能成立。

❶ 可以将所有数据进行缓存的情况

如果将所有数据都进行缓存，需要在 AP 服务器启动的时候，将数据全部读入内存。对 DB 服务器的访问，也只局限于在数据发生更新或者缓存数据超过有效期的时候才会进行，其余的情况下几乎可以认为对 DB 服务器的访问需求为 0。所以说如果能将所有数据都缓存起来的话，那么对系统的性能提升将非常有帮助。

❷ 访问集中于部分数据的情况

如果只能对部分数据进行缓存的话，那么在实现时一般会考虑将访问频率低的数据置换出缓存的方法。但是如果所请求的数据分布状况比较平均的时候，将会频繁地对缓存进行数据的存储、置换操作，从而导致缓存命中率降低，进而增加对数据库的访问请求次数。

与上面情况相反，如果数据访问集中于特定的部分数据，那么这部分数据就很难从缓存中置换出，对这部分数据的 DB 服务器访问次数也会减少。

这里我们来看一下命中率这一评价缓存效率的指标。这个指标表示了在成为数据缓存对象的请求的总数中，能直接在缓存中找到目标数据的比率。其计算方法如下。

$$缓冲命中率＝（总缓存请求次数－DB 访问次数）÷总缓存请求次数$$

总缓存请求次数可以通过日志文件里有访问缓存请求的 URL 来计算，但是一次 URL 请求里面

可能需要请求若干次缓存时，要注意计算的时候需要再乘以每次访问所请求缓存的次数。

DB 访问次数指的是通过向 DB 服务器发起查询请求取得数据的次数。如果应用程序一侧有输出这种对 DB 服务器访问的日志的话，则可以从应用程序的日志里计算 DB 访问次数。如果应用程序没有输出这种类别的日志，那么可以从数据库服务器上得到这些信息 ③。

可以说缓存命中率越高，数据缓存的效果就越好。

在 Java 应用程序中实现数据缓存

在服务器端的 Java 应用中实现缓存功能的时候，由于缓存实例需要在系统范围内保持唯一性，所以需要采用单例（Singleton）模式，在应用启动时生成缓存实例。使用单例模式的话，就能保证在系统内只存在一个缓存实例，并通过类似全局变量的方式，使得无论是从程序中哪个部分来的访问请求都能请求到相同的数据。

代码清单 1 是一个简单的使用单例模式生成缓存实例的例子 ④。这个例子中，在生成缓存对象的同时完成了从数据库查询数据并存放到内存的操作。如果缓存的是基础数据（数据内容基本固定，不会修改），那么可以像这个例子那样，在应用程序启动的时候将数据读入并一直保存在内存里。

但是如果采用这种设计的话，一旦数据有更新，那么每次更新都需要重新启动应用程序。所以需要让缓存支持动态载入功能。比如在管理界面提供一个重新载入缓存的功能，来实现能够随时对缓存进行更新操作。

性能设计要点

接下来，我们将对在创建实现了数据缓存的应用程序时必须要注意的性能设计要点加以说明。如果将所有的数据都放到缓存中的话，那么只需要在

---

③ 比如 Oracle Database 的话有 v$ 表、Statspack、AWR 等信息。
④ 示例代码可以在图灵社区的支持页面中下载。打开 http://www.ituring.com.cn/book/1271，点击"随书下载"。

▼ 代码清单1 简单的缓存功能示例

```java
public class Sample000Singleton{
    private static Sample000Singleton instance;

    private Sample000Singleton(){}

    // 生成缓存数据结构的实例
    public static Sample000Singleton getInstance(){
        // 保证缓存只会被创建一次。
        if(instance == null){
            instance = new Sample000Singleton();

            // 从DB取得数据列表
            SampleCacheDataDAO dao =
                    new SampleCacheDataDAO();
            cacheData = dao.selectAllData();
        }
        return instance;
    }

    // 用来保存被缓存数据的HashMap结构
    private static HashMap<String, SampleCacheData>
            cacheData =
            new HashMap<String,SampleCacheData>();

    // 取得缓存数据的方法
    public SampleCacheData getData(String key){
        return cacheData.get(key);
    }
}
```

应用启动的时候将所有内容读入内存即可，性能上则没有什么需要特殊考虑的。唯一需要考虑的就是如何在内存中保存缓存数据（即采用何种结构在内存中保存数据）。如果将数据保存在普通数组中的话，那么查找的时候也只能使用线性查找的方法，效率将会非常低，所以需要使用类似HashMap这样的key-value形式的数据结构存储缓存数据。

下面所列出的性能设计要点都是以只能缓存部分数据为前提的。

 ❶**缓存数据的获取、更新**

如果要查找的数据不在缓存里的话，那么就需要从DB服务器取得这些数据。这时需要注意两点。

❶ **不在缓存中的数据发生并发访问时**

同时对同一数据发生多个访问请求时，一旦处理不当，就有可能像图3那样对数据库进行同一数据的多次查询，对缓存中的数据进行重复的没有必要的更新。这样，不但没有达到使用缓存的目的，同时也会增加DB服务器的负荷。

在这种情况下，可以如图4所示，只在第一

▼ 图3 数据获取、更新处理不当的例子

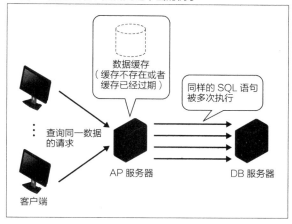

▼ 图4 正确的数据获取、更新处理

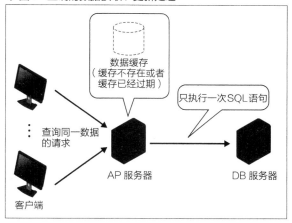

个访问到来的时候去访问DB服务器，让其他后来的请求等待DB访问返回结果。所有的请求都会在第一个请求将数据从DB服务器取出并保存到缓存中之后，再得到已经缓存的数据。

代码清单2是这种方法的一种简单实现。在这段代码里，从DB服务器查询数据的时候使用了synchronized关键字，这样后来的请求就会被迫等待，从而避免对DB服务器的重复访问，以减轻对DB服务器的负荷。

❷ **对已过期（失效）的缓存数据发生并发访问时**

有时候在缓存里需要为缓存数据设置有效期限（生命周期）。在这种情况下，如果出现对已经超过缓存期限的数据的并发访问，又没有针对并

▼ 代码清单2 防止重复取得数据

```java
public class Sample001Singleton {
    private static Sample001Singleton instance;

    private Sample001Singleton() {}

    // 生成缓存数据结构的实例
    public static Sample001Singleton getInstance() {
        // 保证缓存只会被创建一次
        if (instance == null) {
            instance = new Sample001Singleton();
        }
        return instance;
    }

    // 用来保存被缓存数据的HashMap结构
    private static HashMap<String, SampleCacheData>
        cacheData =
        new HashMap<String, SampleCacheData>();

    // 取得缓存数据的方法
    // 如果数据不在缓存里的话，就去DB服务器查询
    public SampleCacheData getData(String key) {
        SampleCacheData data = cacheData.get(key);

        // 判断缓存里是否有该数据
        if (data != null) {
            // 如果存在，直接返回该数据
            return data;
        } else {
            // 如果缓存里不存在该数据的话

            // 则调用从数据库取得数据的方法
            this.getDataFromDB(key);
            return cacheData.get(key);
        }
    }

    // 从数据库取得数据的方法
    // 为了防止同时访问数据库，使用了关键字synchronized
    synchronized private void getDataFromDB(String key){
        // 为了防止重复取得数据的检查
        if (cacheData.get(key) == null) {

            // 向DB服务器发起数据查询请求
            SampleCacheDataDAO dao =
                new SampleCacheDataDAO();
            SampleCacheData data = dao.selectData(key);

            // 将取得的数据保存到缓存里
            cacheData.put(key, data);
        } else {
            return;
        }
    }
}
```

▼ 代码清单3 防止重复更新缓存的例子

```java
    // 防止重复更新缓存的添加版
    public SampleCacheData getData(String key){
        SampleCacheData data = cacheData.get(key);

        // 确认缓存数据是否存在
        if(cacheData.get(key)!=null){
            // 缓存数据存在的时候

            // 判断缓存数据是否已经过期
            if(System.currentTimeMillis() >
                    data.getExpire().getTime()){
                // 缓存数据已经过期

                try {
                    // 创建锁对象
                    if(!this.lockObjMap.containsKey(key)){
                        this.lockObjMap.put( key,
                                new ReentrantLock());
                    }

                    //取得锁对象
                    Lock lock = this.lockObjMap.get(key);

                    /* 取得锁，如果1微秒内不能取得锁的话，返回false*/
                    if (lock.tryLock(1,
                            TimeUnit.MICROSECONDS)) {
                        // 成功取得锁

                        // 从数据库取得数据
                        SampleCacheDataDAO dao =
                                new SampleCacheDataDAO();
                        data = dao.selectData(key.toString());

                        // 更新缓存数据
                        cacheData.put(key, data);

                        // 释放锁
                        lock.unlock();
                    }
                } catch (InterruptedException e) {
                    e.printStackTrace();
                }
            }
            return data;
        } else {
            // 缓存数据不存在的话从数据库取得
            this.getDataFromDB(key);
            return cacheData.get(key);
        }
    }
}
```

发请求做特殊处理的话，那么也会像前面提到的 ⓐ 那样，导致对 DB 服务器的访问次数增加。

这时，也可以采用 ⓐ 里提到的方法来解决。但是如果光使用 synchronized 关键字来对数据的操作进行线程间串行处理的话，由于这会使其他请求被迫等待，所以会导致其他请求的响应时间变长。

如果系统中存在大量这种处于等待中的请求的话，同样也会引起性能问题。

所以，已经过期的缓存数据出现访问时，我们可以尝试除了第一个请求之外，对其余的请求直接返回已经过期的数据（见代码清单3）。这样的话，其余的数据请求就不用必须等待第一个请求完成数据库查询操作了，可以立刻得到所请求的数据。

需要注意的是，这个例子中系统对数据缓存期限的要求并不是特别严格。需要对缓存进行严格的

有效期管理时，这种方法并不适用。而像那些数据更新不是特别频繁，或者对数据的实时性要求不是特别高的情况下，则可以考虑使用这种方法。

❷ 缓存区大小

在 Java 应用程序里实现的数据缓存，实际上缓存数据都是存储在内存上的堆结构中。也就是说，在涉及内存的时候，除了要考虑应用程序本身所需要的内存大小之外，还需要考虑到存放缓存数据所需的堆内存空间。

❶ 缓存对堆内存的影响

缓存数据需要在 Java 的堆中申请一定的内存空间，且该空间要一直保持。所以，如图 5 所示，应用程序中可使用的堆内存的量就会受到压迫。这样的话，即使是设置了相同的堆大小的相同的应用程序，实现了缓存功能的应用程序发生内存泄露的可能性就会变高，因此内存泄露是需要着重检查的问题。可以采用综合性能测试的方式，在使用负载生成器等工具生成预计负荷、确认性能的同时，检查是否有内存泄露问题。

那么如何去设置合适的 Java 堆大小呢？也许你会觉得将堆大小设置为"不带缓存时所需的堆大小＋数据缓存区的大小"就可以了。然而，这里也有一个需要注意的问题，那就是如果堆内存空间很大的话，那么就会产生较长的由 GC（Garbage Collection）导致的处理停止问题。因此，我们还需要好好权衡一下堆大小和 GC 处理时间的问题。

综上所述，如果缓存对象数据的总量比较大的话，那么就只能缓存部分数据，并通过将不再被访问的数据替换出去，或者为缓存数据设置有效期间，将过期数据替换出去等方法来管理缓存区。

❷ 缓存置换的频率

前面我们已经说过了，缓存命中率的高低也可以作为评价对 DB 服务器请求的负荷高低的指标。如果缓存的置换频率非常高的话，那么缓存命中率也会很低，而且还会导致雪崩的发生。换句话说，如果数据在缓存中存在的时间很短的话，那么缓存命中率也会降低。

缓存数据在短时间内被置换出去的原因主要有数据访问分布比较平均，以及缓存区太小两种。

数据访问分布平均的情况下，除非将全部数据都放到缓存中，否则缓存功能几乎不会对性能提升有任何效果。

如果缓存量过少，则会由于相对要缓存的对象数据总量而言缓存区太小，导致像图 6 那样，即使是频繁访问的数据，也会被置换出缓存。如图 7 所示，增加缓存区大小就可能改善这种问题。不管怎样，都需要对数据的访问情况做出分析，计算出最能发挥缓存效果的缓存大小。

▼ 图5　堆内存空间分配

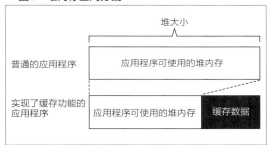

▼ 图6　缓存区太小的例子

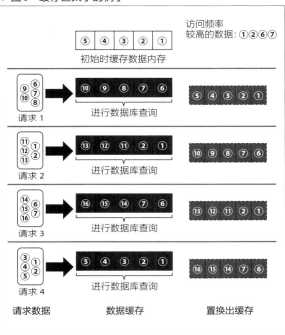

总 结

本期我们主要针对如何在应用程序里实现缓存功能来解决高并发访问或者突发访问等带来的各种问题进行了说明。

尽管 DB 服务器很容易成为系统性能的瓶颈，但是我们通过在它前面的 AP 服务器上实现缓存功能，就能减轻 DB 服务器的负荷，从而提高系统的整体性能。另外，如果 DB 服务器的负荷降低的话，那么其扩展性也会得到相应的提升，所以就可以服务更多的 AP 服务器。这时，只需要增加 AP 服务器的数量，就能应对进行活动等情况时的大量并发访问冲击了。在笔者过去参与过的项目里，曾经出现过在数百 TPS（Transaction Per Second）下就已经不堪重负的系统，通过在应用端实现缓存功能，最终实现了能支持 1000TPS 以上的并发访问的例子。

在设计、实现高并发或者可能突发大量访问的系统的时候，请一定考虑一下是否可以通过在应用端实现缓存功能来提高系统的整体性能。

▼ 图7 增大缓存区后的例子

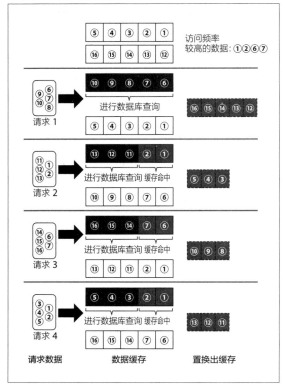

延伸阅读

Java性能优化权威指南

Java性能优化圣经！ Java之父重磅推荐！

本书由曾任职于 Oracle/Sun 的性能优化专家编写，系统而详细地讲解了性能优化的各个方面，帮助你学习 Java 虚拟机的基本原理、掌握一些监控 Java 程序性能的工具，从而快速找到程序中的性能瓶颈，并有效改善程序的运行性能。

SQL基础教程

• 亚马逊五星畅销书！
• SQL 菜鸟晋级必备，资深数据库工程师总结的实用宝典
• 72张图表＋186段代码，明示各 RDBMS 的异同

本书介绍了关系数据库以及用来操作关系数据库的 SQL 语言的使用方法，提供了大量的示例程序和详实的操作步骤说明，读者可以亲自动手解决具体问题，循序渐进地掌握 SQL 的基础知识和技巧，切实提高自身的编程能力。在每章结尾备有习题，用来检验读者对该章内容的理解程度。另外本书还将重要知识点总结为"法则"，方便大家随时查阅。

本书适合完全没有或者具备较少编程和系统开发经验的初学者，也可以作为大中专院校的教材及企业新人的培训用书。

文 / 近藤宇智朗 KONDO Uchio
Aiming 股份有限公司
mail udzura@udzura.jp
Twitter @udzura
译 / 刘斌 微博 @sakura79

第8回 使用 Fluentd + FnordMetric 进行实时数据可视化

数据的收集和可视化

这一回的主题是基于 Fluentd + FnordMetric 的实时数据收集和可视化，包括如何在自己的应用里导入数据收集功能，以及如何进行基于图表的可视化。本文中涉及的代码都可以从图灵社区的支持页面 [1] 上下载。

进行数据收集的意义

一家公司在运营服务的时候，收集用户的使用情况等数据、获得用户的反馈是很关键的一环。在 Web 领域，从很早以前就开始广泛应用 Google Analytic [2] 这类工具来收集数据。最近很多开源的日志收集系统正在得到普及，比如今天要介绍的 Fluentd 就是其中的一个典型代表。使用这些开源的系统，能够更加轻松地收集到关于自己程序的详细数据。而收集各种各样的数据，正是能够改善服务质量的基本因素之一。

数据可视化的重要性

最近几年，类似社交游戏或者免费通话 App 这样的应用程序正在逐渐增加。这类应用很容易发生在短时间内大量用户集中访问的现象。这种现象导致的种种问题使得公司在运营上更加重视实时的数据收集并将数据以图表的方式显示出来，以便能够及时采取对策。比如

COOKPAD 公司就把能看到各种系统实时运营的数据的显示屏放在了员工都能看到的地方。

下面，本文将会介绍如何使用 Ruby 语言编写的软件进行实时数据收集和数据可视化（图 1）。

使用 Fluentd 收集数据

首先我们来介绍一下在数据收集系统里处于核心地位的 Fluentd [3]。

Fluentd 是使用 Ruby 语言编写的日志传输、加工的工具。其作者是 Treasure Data 公司的古桥贞之，现在该软件也是在 Treasure Data 的支持下作为开源软件进行开发和维护的。像 LINE、COOKPAD、Slideshare、Viki 等大公司都在使用 Fluentd。在 Fluentd 之前，还有 syslogd [4]、scribed [5] 等具有相似功能的中间件。

Fluentd 本身使用 Ruby 语言编写，服务器部分使用了异步 I/O 框架 cool.io [6]，内部数

---

③ http://fluentd.org/
④ 在网络上传输日志文件的后台进程，使用 syslog 协议。
⑤ 由 Facebook 开发的开源日志收集系统，但是现在已经停止开发了。https://github.com/facebook/scribe
⑥ http://coolio.github.io/

▼ 图1　本次制作的应用程序的结构

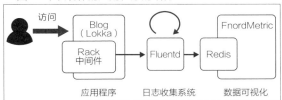

---

① 打开 http://www.ituring.com.cn/book/1271，点击"随书下载"。
② Google 提供的网站分析工具。http://www.google.cn/analytics/

▼图2 Fluentd 的典型结构

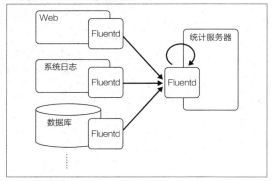

据存储则使用了同是古桥独自开发的、名为
MessagePack[7]的轻量级通用数据格式。经过
这些精心设计及实践的检验，现在的Fluentd
已经可以高速、稳定地运行了。

此外，利用Fluentd的插件机制，可以轻
松增加新功能，或者再利用既有业务逻辑。将
插件作为gem实现，也可添加新的功能。

 ## Fluentd 的系统架构

Fluentd的处理分为输入、缓冲、输出三部
分。我们可以通过编写这三种处理类型的插件，
来增加新的功能。

■ 输入

输入部分负责从数据源收集数据。比如
Fluentd支持通过TCP包、使用Fluentd独有的
协议或者HTTP来收集数据，也支持从文件或
者命令执行结果来收集数据。

■ 缓冲

收集到的数据会暂存在缓冲区里。使用缓
存机制，可以通过重新发送数据来提高服务器
的可靠性和吞吐量。

■ 输出

输出部分主要负责将收集到的数据发送到
最终的存储位置。此外，这部分的工作还包括

替换标签或数据、数据过滤、进行简单统计
等。收集到的数据可以存储到关系型数据库或
MongoDB、Riak 等 NoSQL 数据库，也可以存
储到 HDFS（Hadoop Distributed File System）[8]
或其他机器上的Fluentd实例等位置。

另外，缓冲基本上都是和输出直接关联的，
但是像数据过滤或者替换标签等输出操作，根
据具体的实现方法不同，也有可能不需要使用
缓冲。

 ## Fluentd 的典型结构

我们在进行实际部署的时候，一般都会采
用图2那样的结构。这时候必须要明确意识到
哪部分是输入，哪部分是输出。

首先，需要在 Web、DB、前端服务器等
上面都运行 Fluentd 实例。对这些 Fluentd 实例
来说，输入的部分就是 Web 的访问日志、数据
库的日志文件等。然后，各个 Fluentd 实例会
利用 forward[9] 功能将收集到的数据传送到中
心解析服务器上。中心解析服务器上也需要运
行一个 Fluentd 实例，接收来自其他各 Fluentd
实例的数据，将这些数据集中保存。最后，会
在解析服务器上利用各种过滤器输出功能对数
据进行统计。在这种部署方式下，用于数据收
集的 Fluentd 和用于统计、分析数据的 Fluentd
需要分别设定。

 ## 安装 Fluentd

下面简单介绍一下Fluentd的安装方法。

■ 使用 gem 安装

如果系统里已经安装了Ruby的话，可以
通过执行下面的gem命令安装[10]。

```
$ gem install fluent
```

---

[7] http://msgpack.org/

[8] 大数据处理框架Hadoop所使用的分布式文件系统。
[9] 前面所说的输出功能的一种。作为输出数据的保存位置，
可以指定为其他的Fluentd实例。
[10] 本文的所有代码、程序（包括Web应用），都确认能在
Ruby1.9.3-p429/2.0.0-p195、OS X 10.8上运行。

在开发或者测试的时候，使用gem是个很方便的安装方式。

■ 安装td-agent

另一方面，如果使用的是CentOS、Debian GNU/Linux等系统的话，可以使用rpm或者deb等包管理工具来进行安装。通过包管理方式安装的Fluentd称为td-agent。如果使用这种方法，将td-agent的仓库源添加到包管理器的配置文件中，还可以用OS标准的包管理器的命令进行安装。

如果使用Chef管理服务器设定的话，那么使用td-agent的CookBook[11]则是最简单的方法。

只是尝试使用Fluentd的话，使用gem安装是最简单的方法，所以本文不再详细说明使用包管理器进行安装的方法。

运行Fluentd

下面，我们先创建一个能启动Fluentd的最低限度的配置文件。

创建配置文件并启动

■ 配置文件中的指令

Fluentd的配置文件中主要有3中类型的指令：source、match和include指令。

source指令用来设置数据的输入源，同时也可以指定Fluentd协议、HTTP或文件等。

match指令用来设置如何处理收集到的数据。在向Fluentd传送数据的时候，可以为数据添加任意的标签。根据数据的标签，就可以对不同的数据进行不同的加工处理。

include指令可以导入其他文件的配置内容。它支持将配置文件分割为若干个小文件，通过模块化的方式来实现配置文件的重用和通用。

■ 初步的Fluentd配置文件

首先，我们来创建一个简单的配置文件，

---

⑪ Treasure Data官方发布的CookBook。https://github.com/treasure-data/chef-td-agent

文件名保存为fluent.conf[12]。

```
# 使用Fluentd协议监听24224端口
<source>
  type forward
  port 24224
</source>

# 以sample.为标签开始的数据都输出到标准输出
<match sample.*>
  type stdout
</match>

# 其他标签的数据都输出到日志文件
<match **>
  type file
  path /tmp/sample.log
</match>
```

■ 启动Fluentd

在编写好配置文件之后，我们可以通过执行fluentd命令来启动Fluentd服务器[13]。

```
$ fluentd -c ./fluent.conf
```

Shell终端启动时就会有日志输出。

如果在启动fluentd的时候选择了"-d <pid文件保存位置>"选项的话，就能以后台进程（dameon）的方式启动Fluentd服务器。不过在这里我们为了确认程序执行情况，并没有以后台方式启动Fluentd服务器进程。

使用fluent-cat传输数据

使用fluentd gem里自带的fluent-cat命令，就可以向本机上运行的Fluentd实例传送日志。

■ 基本的使用方法

首先，另启动一个新的终端窗口，在里面输入下面的命令。

```
$ echo '{"hello": "fluentd"}' | fluent-cat sample.hello
```

执行这条命令的话，就会在刚才启动Fluentd

---

⑫ 虽然这个文件名可以修改，但是习惯上都会沿用这个文件名。Fluentd本身默认使用/etc/fluent/ fluent.conf这个路径。此外，如果执行"fluentd--setup <文件夹名>"这个命令的话，会在指定的文件夹下面生成一个配置文件的模板文件。具体可以参考官方文档：http://docs.fluentd.org/articles/install-by-gem。本例中，我们就可以使用"fluentd--setup<文件夹名>"来生成这个配置文件。

⑬ 有时候会将与某个配置文件相连的Fluentd服务器称为"实例"。

服务器程序的终端窗口里，显示出上面命令发送的JSON（JavaScript Object Notation）数据。

```
2013-06-22 22:37:11 +0900 sample.
hello: {"hello":"fluentd"}
```

这 意 味 着 以 sample.hello标签发送的JSON数据已经成功被服务器端接收到了。因为这个数据的标签以sample.开头，所以显示到了标准输出。像这个例子一样，在向Fluentd发送数据的时候，必须要给数据贴上一个标签。

■ 尝试发送其他数据

接下来我们再尝试发送一下贴着不同标签的数据。

```
$ echo '{"hello": "metrics"}' | fluent-cat another.tag
```

这次我们发送的标签会被Catch-All[14]的配置指令"**"所匹配，日志将被输出到文件中。在经过一段时间后，缓冲区的内容会被刷写[15]到文件名为/tmp/sample.log.20130824_0.log的文件中，打开这个文件应该就能看到向服务器发送的数据的内容[16]。

在Web应用中集成Fluentd

现在我们已经在控制台下通过命令完成了向Fluentd服务器发送数据，并确认了服务器端数据的接收和保存情况。下面我们就开始介绍如何在Web应用程序里进行数据收集工作。

---

[14] 指的是决定那些没有匹配到任何模式里的标签的最终去处。

[15] 把缓冲区的内容输出到磁盘的操作，一般被称为刷写（Flush）。

[16] Fluentd接收到的数据会先暂时存放在缓冲区内，某一时刻到来时，再将缓存的数据统一传给Output插件。所以要想在日志文件中查看输出的话，可能需要等待一定的时间。缓冲区刷新时机和缓冲类型等都可以配置，详细内容请参考官方文档 *Buffer Plugin Overview*。http://docs.fluentd.org/articles/buffer-plugin-overview

▼ 图3 Lokka安装成功的界面

 使用Lokka项目

我们将"对Blog的访问记录进行可视化"作为测试的目标，选择Lokka[17]作为测试应用。

首先，我们需要为运行Lokka构建开发环境。安装过程可以参考官方的安装步骤，数据库则使用SQLite[18]。在安装之后，可以通过访问http://localhost:9292来确认安装是否成功（图3）。

```
$ git clone git://github.com/lokka/lokka.git
$ cd lokka
$ bundle install \
    --without=production:test:mysql:postgresql
$ bundle exec rake db:setup
$ bundle exec rackup
```

安装成功之后，我们就可以在浏览器上打开http://localhost:9292/admin，并在管理界面添加几篇Blog文章。

 使用Fluentd客户端

在Web应用程序准备好了之后，我们就可以使用Fluentd客户端来进行访问日志的收集了。

■ 安装fluent-logger-ruby

首先要安装Fluentd官方的客户端gem包。在已经checkout出来的lokka项目根目录下的Gemfile文件末尾，添加下面这一行。

```
gem 'fluent-logger'
```

---

[17] 在云计算环境可以简单安装部署的CMS（Content Management System，内容管理系统）引擎。该引擎实现了基于Ruby的Web框架Sinatra，并且遵循Ruby的Web应用标准Rack。https://github.com/lokka/lokka

[18] 根据实际使用环境，有可能会要求先安装SQLite3的头文件。

保存Gemfile文件后，运行bundle install命令即可。

■ 编写Rack中间件

使用Rack中间件编写代码向Fluentd发送数据，可以使后期的维护更加简单。关于Rack中间件，其基本思想简单来说就是"在不修改Web应用内容的前提下，将访问请求前后进行包装并增加特殊处理"。基于Rack编写的Ruby Web应用程序都可以使用Fluentd的gem插件，所以Lokka也不例外。

下面的代码就是本文例子中使用的Rack中间件。

```
require 'fluent-logger'
class Lokka::AccessTracker
  include Fluent::Logger
  def initialize(app, *fluentd_conf)
    @app = app
    @logger = FluentLogger.new('lokka', *fluentd_conf)
  end
  attr_reader :app, :logger

  ASSETS_RE = /\.(jpg|png|gif|ico|css|js)$/

  def call(env)
    start = Time.now
    code, body, headers = *app.call(env)
    elapsed = (Time.now - start) * 1000
    req = Rack::Request.new(env)
    if req.path !~ ASSETS_RE
      info = {
        path: req.path,
        status: code,
        referer: req.referer,
        elapsed_msec: elapsed.to_i,
      }
      logger.post('tracker', info)
    end
    return code, body, headers
  end
end
```

将上面的脚本保存到Lokka项目根目录下面的lib/lokka/access_tracker.rb中。

■ 将数据收集逻辑加入到应用程序中

接着，我们在lib/lokka/app.rb第12行开始的configure do块的最后，加入可以调用Rack中间件的语句。

```
require 'lokka/access_tracker'
use Lokka::AccessTracker, 'localhost', 24224
```

然后我们再次使用rackup命令启动Lokka服务器，并在浏览器里访问一些网页，创建一些访问记录。每当有用户访问Lokka服务器的时候，在Fluentd服务器上就能看到访问日志在不断被传输过来，并且这些日志都会被保存到/tmp文件夹下面。

 ## 配置Fluentd并确认结果

在完成上面的工作后，在Blog有访问的时候，我们就能够接收到数据通知了，但是还不能对这些数据进行统计。在这里我们新增加一个名叫lokka.tracker的标签，并且在标签定义里，指定如何对数据加工、数据都有哪些属性等。

■ 统计简单的访问数据

首先，我们来试试每隔10秒钟对访问数据进行一次统计[19]。因为需要使用到fluent-plugin-datacounter这一Fluentd的gem插件，所以需要事先安装此插件[20]。

在安装了这个插件之后，我们在fluent.conf里面加入下面的指令。

```
<match lokka.tracker>
  type copy
  <store>
    type datacounter
    count_interval 10s
    aggregate all
    count_key status
    pattern1 all .*
    tag metric.all_access
  </store>
</match>
```

上面的copy命令，是为了将此标签传送过来的数据同时提供给其他输出类型插件而使用的一种特殊的输出处理指令。<store>指令会负责追加output内容。通过使用datacounter来进行上述设定，我们就可以每10秒钟对访问记录进行一次简单的统计了。

---

[19] 如果是正式线上环境的话，建议根据实际访问情况对这一频率进行调整。

[20] 可以通过执行gem install fluent-plugin-datacounter来安装，或者通过修改Gemfile来实现。而且后面我们也会使用到的其他一些插件，也同样可以直接使用插件名通过gem进行安装。

■ 按响应时间统计访问数据

下面我们再来试试按响应时间来对访问数据进行统计。

如果想围绕某一个值对数据进行分组统计的话，使用 fluent-plugin-numeric-counter 插件就可以轻松获得数据。安装好这个插件之后，在前面讲到的 lokka.tracker 的 match 指令后，添加下面的 stroe 指令。

```
<store>
  type numeric_counter
  count_interval 10s
  aggregate all
  count_key elapsed_msec
  pattern1 flyweight   0    10 # under 10ms
  pattern2 fast       10    30 # under 30ms
  pattern3 middle     30   100 # under 100ms
  pattern4 slow      100       # over  100ms -
  tag metric.elapsed_msec
</store>
```

■ 检查生成的数据

目前我们已经新添加了 metric.all_access 和 metric.elapsed_msec 两个标签，这两个标签会产生什么样的数据，也已经可以通过查看 /tmp 下面保存的日志文件来知晓。下面就是格式化后的日志文件里 JSON 的内容。

```
2013-07-16 01:12:57 +0900 metric.all_access:
  {
    "unmatched_count":0,
    "unmatched_rate":0.0,
    "unmatched_percentage":0.0,
    "all_count":5,
    "all_rate":0.5,
    "all_percentage":100.0
  }
```

使用 FnordMetric 进行数据可视化

到目前为止我们已经完成了对 Blog 的访问数据的收集，以及对收集的数据进行再次加工和统计。最后我们再来看看如何对统计后的数据进行可视化。

使用 FnordMetric

FnordMetric 是基于 Ruby on Rails 的 Web 版实时图形化工具。其特征主要包括使用 Ruby

的 DSL（Domain Specific Language，领域特定语言）来编写配置文件，特别适合实时数据处理，以及通过插件的方式和 Fluentd 一起使用会让工作更加轻松等。

■ 安装

使用 Ruby Gems 来安装比较简单。

```
$ gem install fnordmetric
```

FnordMetric 需要使用 Redis[21] 作为后台来进行数据的存储和传输，所以需要事先通过 Homebrew 或者 apt 等包管理器安装 Redis。

■ 配置并启动 FnordMetric

安装完 FnordMetric 之后，编写以下代码并保存为 fnordmetric.rb。

```
require "fnordmetric"

FnordMetric.namespace :gihyo do
  gauge :lokka_access, title: "Access",
    tick: 10.second.to_i
  event "metric.all_access" do
    set_value :lokka_access,
      data[:info][:all_count].to_i
  end

  widget "All Access", {
    title: "All Access",
    type:  :timeline,
    width: 100,
    gauges: [:lokka_access],
    include_current: true,
    auto_update: 10.second.to_i
  }
end

# 启动 FnordMetric 的用户界面和 Worker 实例
FnordMetric::Web.new(:port => 4242)
FnordMetric::Worker.new
FnordMetric.run
```

使用 Ruby 命令运行这个脚本文件，就能启动 FnordMetric 的服务器程序了。服务器启动后可以通过浏览器访问 http://localhost:4242 来查看服务器的运行情况。

■ 对配置的详细说明

在前面"统计简单的访问数据"的段落中我们对如何从 Blog 收集用户访问记录进行了

---

[21] http://redis.io/、高速灵活的 KVS（Key-Value Store）存储系统。

说明，而这个配置文件里还包括了关于能够显示所有访问记录的图表的配置。在配置文件中的FnordMetric.namespace块里可以通过使用DSL编写配置指令来增加图表的种类。

gauge是用来生成图表凡例的指令，在这里我们使用了:lokka_access的名字。tick选项用来指定图形刷新显示的时间间隔，在这里我们将这个值设置为设置为10秒，即和Fluentd的count_interval的值相同。

event命令用来记录FnordMetric需要跟踪的事件，由于FnordMetric和Fluentd联合工作，所以我们把事件名称设置为"metric. all_access"，即和从Fluentd收取的数据标签一样。从Fluentd收取的数据本身则会通过块变量data[:info]引用，在代码块里可以决定哪些数据会被记录到哪个gauge里。只有event能接收块参数，在块内对图表元素进行更详细的配置。

最后的widget命令则记述了访问记录图表的详细信息。使用gauges指定多个gauge，还可以定义一个组合图表。

 ## 联合Fluentd和FnonrdMetric

在完成上述配置之后，就可以开始由Fluentd向FnordMetric传输数据了，使用插件fluent-plugin-fnordmetric能够轻松完成这个任务。和之前一样，我们先通过RubyGems来安装这个插件[22]。

■ 配置文件示例

在FnordMetric安装完成之后，需要在fluent.conf里添加如下指令。

```
<match metric.**>
  type fnordmetric
  redis_url redis://localhost:6379
</match>
```

---

[22] 这个插件依赖于FnordMetrics 1.0.0。另外FnordMetrics截止到目前（2013年11月）的版本是1.2.9，为了在不同的环境中避免版本冲突的问题，在使用bundle exec命令的时候要格外小心。读者也可以从图灵社区的支持页面下载本文的代码作为参考。

修改配置文件之后，重新启动Fluentd服务器。之后再去访问一些Lokka页面，留下访问记录。不出意外的话，十几秒之后就可以在FnordMetric的Web页面里看到图表的显示效果了（图4）。

这个过程的原理就是fnordmetric插件会向Redis发送贴有"metric.all_acces"标签的数据，然后FnordMetric的worker会检测到这些数据，并在Web页面上实时显示出图表。

■ 组合图表的例子

最后我们来看一下如何生成组合图表。要想生成多个图表，只需要定义若干个gauge，并为其设置好数据源就可以了。作为示例，我们通过标签"metric.elapsed_msec"，来对访问页面所需要的时间（以毫秒为单位）进行可视化处理。

```
gauge :lokka_flyweight,
    title: "Super Fast Access",
    tick: 10.second.to_i
gauge :lokka_fast,
    title: "Fast Access",
    tick: 10.second.to_i
gauge :lokka_middle,
    title: "Normal Access",
    tick: 10.second.to_i
gauge :lokka_slow,
    title: "Slow Access",
    tick: 10.second.to_i

event "metric.elapsed_msec" do
  set_value :lokka_flyweight,
      data[:info][:flyweight_percentage].to_f
  set_value :lokka_fast,
      data[:info][:fast_percentage].to_f
  set_value :lokka_middle,
      data[:info][:middle_percentage].to_f
  set_value :lokka_slow,
      data[:info][:slow_percentage].to_f
end

widget "Elapsed Time", {
  title: "Elapsed Time",
  type:  :timeline,
  width: 100,
  gauges: [:lokka_flyweight, :lokka_fast,
          :lokka_middle, :lokka_slow],
  include_current: true,
  auto_update: 10.second.to_i
}
```

如果想看总计为100%的图表，可以使用key名为*_percentage的信息。重新启动FnordMetri服务器，就会发现新增加了一个"Elapsed Time"的widget，显示的就是各访问请求响应

时间的比例图。此外，点击 Area 按钮的话，这个图表就会变为累计图（图5）。

总 结

本文我们主要针对如何进行实时数据可视化进行了说明。Fluentd 除了能对 Web 应用的访问数据进行统计之外，还可以用于收集其他各种数据。比如服务运营方可以用 Fluentd 收集用户的付费、注册、解约等用户行为方面的数据，然后把这些数据作为 KPI（Key Performance Indicator，关键绩效指数）进行分析并实施改善。如果有兴趣，还可以用 Fluentd 记录自己计算机的操作并对操作记录进行可视化。除了这些，大家身边各种各样的数据，都可以尝试下使用 Fluentd 来处理。

▼图4 实时页面访问数据图

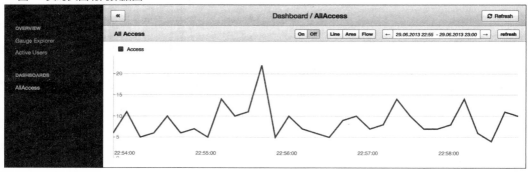

▼图5 响应时间的比例图

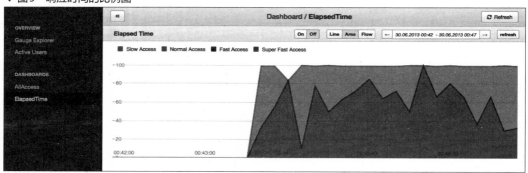

支撑CyberAgent的程序员们
技术篇

第17回 **从Pecolodge来看HTML5 + Canvas的开发要点**

文 / 川添贵生 KAWAZOE Takao　Insight mage 股份有限公司　*mail* mail@insightimage.jp　译/kaku

 能在智能手机的Web浏览器上玩儿的Pecolodge

Pecolodge 是由 CyberAgent 公司提供的面向智能手机用户的新型社交游戏（图1）。这是一款让用户可以在网络上享受无忧无虑的乡村生活的社交游戏，该游戏不仅加入了制作料理、工作、帮助同村村民解决难题等任务要素，也可以通过和其他用户的交流让用户享受到社交的乐趣。

Pecolodge 受到关注的主要原因在于它能在智能手机的 Web 浏览器上玩儿，也就是其自身的"网页游戏"这一属性。这次针对面向智能手机用户的网页游戏的开发过程，我们对参与 Pecolodge 前端部分开发的高桥健一先生和三上丈晴先生，以及参与智能手机用户服务开发的三岛木一磨先生进行了采访。

基于本地开发和基于浏览器开发的优点和缺点

面向智能手机用户开发应用程序或服务时，开发人员比较烦恼的就是不知到底要选择作为本地应用开发还是基于 Web 浏览器开发。从表现力和操作反应等用户体验的角度来看，本地应用略胜一筹，但是面向智能手机用户发布的应用必须要经过应用交付服务，也就是必须要经过苹果或谷歌的审查。出于这个原因，当开发人员想要添加新功能或者修正发布后才发现的 bug 时，就会出现无法迅速处理的问题。

另一方面，基于浏览器提供服务的话，通过修改服务器端的程序就可以修正 bug 和添加新的功能。特别是对于社交游戏，发布后的改善和活动的举行显著影响着用户对服务的满意度，因此对于基于浏览器的开发来说，不经审查就可以更新服务这一优点意义非凡。但是，目前非高端智能手机的 Web 浏览器内存消耗还是很大，绘图速度以及操作响应等尚且不及本地的应用程序。

因此，开发人员面向智能手机用户提供应用程序或服务时，需要综合考虑这些优点和缺点，然后选择是作为本地应用开发还是基于浏览器开发。对于这点，CyberAgent 的做法是二者同时进行，但面向智能机的社交游戏和社区

图1 ● Pecolodge

实现了智能手机Web浏览器快速响应的 Pecolodge

服务要通过基于浏览器的应用来开展。这样做的话，不仅服务的更新(运维)很容易，而且各服务器之间也可以简单进行信息交换。灵活运用基于浏览器开发的这些优点，开发自己的框架并积累技巧经验，通过这些努力，最终使得用户可以像使用本地应用那样畅快地使用发布后的Pecolodge。

降低终端差异影响的独有程序库tofu.js

据三上先生(照片1)介绍，Pecolodge的项目来源于CyberAgent首席工程师名村卓先生和社长藤田晋先生的一次谈话。

"在CyberAgent面向智能手机用户开发的社交游戏中，有很多像人气纸牌游戏'女朋友'这样面向男性的游戏，但是却没有像PC游戏Pigglife这种非常受到女性用户喜爱的网页游戏。在这种情况下，名村就对藤田说'要是能提供适合在智能手机上玩儿的生产系游戏就好了'，而藤田回答他'无论如何也要开发出这样的游戏'。就这样，名村和一些对此有意向的同事就被分配过来开始进行开发了。"(三上先生)

游戏画面的绘制决定使用HTML5 Canvas，但并没有使用JavaScript，而是使用了名村先生独自开发的程序库tofu.js(图2)来进行绘制。关于tofu.js，三上先生做了如下介绍。

照片1 ● 三上丈晴

"Pecolodge的前端开发使用了名村开发的tofu.js。尽管为了使用Canvas已经有了好几个程序库，但是这些程序库在非高端的智能手机上使用时，还是会存在重新绘制时需要绘制整个画面等捉襟见肘的情况。而tofu.js程序库既能够尽量控制重新绘制的范围，也可以在智能手机上使用。而且这个程序库还拥有层级结构，可以像写Flash那样对其进行编写。"(三上先生)

实际的开发是需要应对各种各样的问题的。高桥先生(照片2)举了其中一个例子，这个例子也是Android系统固有的问题。

"因为基础部分使用了Canvas，所以并没有针对特殊终端的处理，在使用Android 4.x以上的版本时就会出现Canvas的部分处理比较慢的问题。因此tofu.js在Canvas绘制模式的基础上，添加了通过DOM来控制画面的HTML模式，最终使得绘制画面的模式可以根据OS的变化而变化。也就是说，如果终端是Android 4.x以上的话，就会切换到使用HTML模式来绘制画面。而且tofu.js还可以解决在Android特定

图2 ● tofu.js

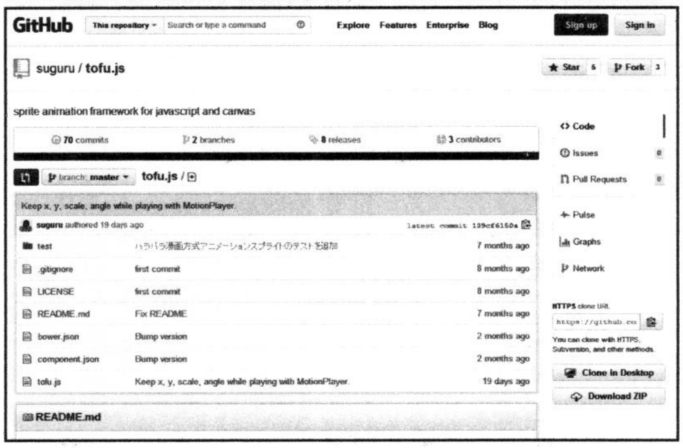

tofu.js 也公开在了 GitHub 上(https://github.com/sugutu/tofu.js)

照片2 ● 高桥健一

版本中，因无法彻底删除 Canvas 元素而造成的
内存泄露问题。"（高桥先生）

　　使用 JavaScript 控制 DOM 和 CSS 来绘制
画面时，经常会遇到一个难题，即如何才能降
低因终端差异而带来的影响。尽管大部分人首
先都会想到根据终端来切换 CSS 的方法，但是
这样的话又会出现 CSS 的规模急剧扩大，最终
妨碍了维护的问题。对此 Pecolodge 除了采用
很难受终端差异影响的 Canvas 以外，还通过
tofu.js 减少了这种差异带来的影响。

　　另外，为了应对 Android 4.x 以上版本的
绘制延迟问题，tofu.js 通过操作 DOM 而不是
Canvas 来加载绘制模式，经过一些这种细节上
的处理，最终实现了不受终端影响的开发环境，
这也是 tofu.js 的一大优点。

下了很多工夫来弥补智能手机性能不佳的问题

　　即使使用 tofu.js，也无法从根本上解决目
前智能手机硬件的性能还很低下的问题。对于
性能低下的问题，高桥先生和三岛木先生（照
片3）这样说道。

　　"关于开发时操作对象的数量，智能手机
要比 PC 减少 7~8 成或者更多，否则的话开发
就会显得很吃力。"（高桥先生）

　　"如果游戏是本地应用的话，我想智能手
机和 PC 的差别还没有那么大。但是要在 Web
浏览器上运行的话，确实像高桥所说的那样，
吃力的部分会增加不少。"（三岛木先生）

　　为了填补这种差别，Pecolodge 也采取了
各种各样的手段，其中之一就是人物形象设计
的处理。

　　"起初是想将 Ameba Pigg 的人物形象直接
用在智能机中的。但是考虑到智能手机的环境，
Pigg 人物形象的部件还是过多，于是就改成专
门为智能手机重新制作人物形象了。"（三上先生）

　　"Pecolodge 通过固定肘部等方法尽量抑制
了人物形象的动作，在这些方面针对智能手机
环境进行了优化调整。"（三岛木先生）

　　高桥先生还提出了要尽量避免重新绘制的
要点。

　　"要想让用户能够流畅、舒适地进行游戏，
就要努力使动画等元素不会过度移动，而且要
挑选有魅力的动画，尽可能避免重新绘制。尽
管为了游戏的效果还是会有需要和设计人员探
讨的部分，但我们必须明确'一切响应都是为
了完成主线循环'这一中心，这样才能将项目
顺利进行下去。"（高桥先生）

为了用户继续认真运维

　　在智能手机的 Web 浏览器上利用人物
形象来实现社交游戏，接受到这种挑战的
Pecolodge，其开发的时间却比其他项目用时
还要短。对于取得这种成果的原因，三上先生
觉得是在于他们下决断的过程都很迅速。

"在开发的过程中，程序员之间并没有太多的争论。如果某部分开发需要的时间太长，那么就先发布，然后把这部分当作更新来处理，总之都迅速做了这样的决断，可以说是速战速决吧。而且很少开会也是原因之一，大家可以把精力都集中在开发上。这个项目只进行了例行的晨间会议，除此以外基本没有开过其他的会。正因如此，大家才能够把所有的时间都用在开发上。"（三上先生）

在产品发布后的更新中，也积极运用并充分发挥了基于浏览器开发的优点。

"Pecolodge目前每天都在更新。通过用户的反馈来调整参数或者修正些bug，前段时间还加入了可以改造自己房屋的功能等，像这样较大的功能强化也同时在进行。真的感觉开发一直都在进行着。"（高桥先生）

像Ameba Pigg等游戏CyberAgent就特别注重运维，Pecolodge作为公司第一个面向智能手机的游戏及服务也受到了同样的重视。

"既然是基于浏览器，活动等也在积极地举办。像这样我们可以掌控的领域很大，灵活利用这点也可以为了用户持续运维下去。感觉像这样与用户紧密接触的服务做起来比较容易，这也是基于浏览器开发的最大优点。"（三上先生）

顺便提一下，即使在CyberAgent的全部项目中，完全使用HTML5的Canvas来开发游戏的项目也是比较少的。如前面讲的一样，在CyberAgent中，即使面向智能手机，也还是会和面向PC一样积极展开基于浏览器的服务，这样名村先生开发的tofu.js以及在Pecolodge项目中所积累的知识，必然会在今后的项目中发挥更大的作用。

最后，我们问到现在最受关注的是什么，回答中有一个很重要的关键词，那就是"一次编码重复使用"。

照片3 ● 三岛木一磨

"目前备受关注的事物中有一个名叫Coco2d-x[①]的框架。该框架与JavaScript绑定的话就可以使用JavaScript来开发，甚至在Android和iPhone中，可以用HTML5直接写代码。我想一次编码重复使用是我们将来应该需要关注的方向。另外比较在意的就是pixi.js[②]了。它可以调用WebGL，若能在手机终端也可以使用WebGL的话，我想画质会有大幅度的改善。"（三岛木先生）

随着基于HTML5且面向智能手机的操作系统Firefox OS即将问世，智能手机框架霸主地位的争夺也陷入一片混战之中。在这样的背景下，一份代码可以在多个框架中运行的"一次编码重复使用"的理念被关注也是理所当然的。虽然CyberAgent以基于浏览器的服务开发为核心，但也会持续探索未来无限的可能性。

① http://www.cocos2d-x.org

② https://github.com/GoodBoyDigital/pixi.js

赵望野：
前端工程师的困惑

赵望野，现任豌豆荚 Front-end Team Lead。他 2011 年加入豌豆实验室，曾负责豌豆荚 Windows 版的前端架构设计和主要开发工作，以及 Front-end Infrastructure 的研发工作。当豌豆荚从一家初创公司成长为一家获得上亿美元投资的企业的时候，赵望野也在他的职业道路上不断成长着。随着业界对前端工程师价值的逐渐认可，越来越多的人才开始进入这个领域，而赵望野却认为这一切都"有点晚了"。他的困惑来源于变化的环境和前端工程师这个有些特殊的群体。而他，也逐渐从一个单纯的工程师变成了一个以解决问题为目的的人。

新路

"我觉得我不傻，这个公司到底靠不靠谱，我干一阵是能够判断出来的。"

问：你从什么时候开始编程的？

我第一次写代码应该是七八岁，因为我爸爸是哈工大的教授，所以计算机是作为年轻的科研工作者得的奖。写程序我第一次用的是 Basic，而第一次做有界面的东西，用的是 Visual Basic。我是在初二的时候第一次接触互联网，那时候接触了一点点 Web 开发。

问：你大学学的是什么？跟计算机有关吗？

我是在中国传媒大学上的数字媒体艺术专业，算是相关。因为本质上这个专业的培养目标是能够将新媒体技术和艺术相结合，去做一些事情。虽然我们专业到目前为止也没给新媒体一个准确的定义，但是互联网肯定算是新媒体之一了。而我自己的个人兴趣是做一些网络、Web 开发方面的事情。

这个专业到底应该是干什么的、怎么发展，也是一个在逐渐摸索的过程。但本质上，我现在做的这个其实算是 Web 前端，就是 UI，那 UI 算不算网络多媒体呢？我觉得是算的。

问：你是怎么加入豌豆荚的？

在 2010 年年底的时候，我已经是研究生了，带着我们的本科生来创新工场参观，当时有人接待了我们，说他们在招人，有想来实习的同学可以留个简历。本科生没有一个留的，但我留下了我的简历，相当于我把简历扔给了创新工场的人力资源库。当时大概面了两三个项目，除了豌豆荚，剩下的我都不记得了。我面试的时候豌豆荚还没搬出创新工场，我入职的那一天则是他们刚刚从创新工场搬出来到自己独立的办公室。

问：选择一家初创企业其实还是很有风险的，你是如何决定的？

我觉得这首先是个个人选择问题。第一、风险肯定是和收益并存。第二、因为我当时也只是实习，对创业这事本身并没有什么概念。包括创业会有多大风险，到底会面临什么样的困难，会有多少收益，其实并没有一个很直观、很明确的判断。我周围的师兄师姐，包括我的同学，也没有人参与过创业，大家对互联网创业这事也都不是很了解。本质上，首先我觉得我不傻，这个公司到底靠不靠谱，我干一阵是能够判断出来的。而且当时也只是实习，对我来讲风险并没有那么大，因为我并不是毕业找工作，所以先干着呗。大概干了一个季度吧，就觉得这里还挺好的。

171

问：豌豆荚的文化和气场现在对于很多人来说是很有吸引力的，你去的时候，有这样成型的文化和气场吗？

有，但是我觉得公司文化这件事，并不是你刻意想要一个什么样的文化。本质上说，早期加入的人少，就要看跟你一起工作的人你喜不喜欢，如果你喜欢的话，说明你们的气场是相似的，你们做事的方法、态度，包括三观应该是一致的，慢慢地这些人聚在一起，就自然而然形成了这样一个文化。但是可能到一两百人之后，才会有意识地回来把这个东西总结一下，也就是总结"我们的公司文化是什么样的"，然后才去对外传达这样的思想。而并不是很早的时候就说我们要有一个什么样的东西。比如像豌豆荚的三个创始人在一起，我加入他们之后，觉得以前这几个人做事的方法、价值观跟我都是相符的，我自然也喜欢他们，所以就加入这了。

前端工程师的困惑

"如果 Web 技术在移动设备上面的消亡是一个不可避免的技术潮流的话，那可能前端工程师真的要好好考虑一下怎么去规划自己的职业路径了。"

问：几年前，很多人对前端工程师的价值并不是很认可，你觉得最近这几年这方面有没有改观？

我觉得是有改观的，但是有点晚了。现在的情况是，大家并不是不认可前端工程师的价值，而是说这个水太浑了。前端工程师数量很多，但是这里面真正意义上，可以被称作合格的前端工程师的数量并不多。比如我会切个图，会拼个简单的页面，现在传统行业也在做内部系统或者自己的门户站，像这样的程度无论从工程质量还是项目复杂度来讲，简单的培训都可以完成。这有点像专业技能，大部分前端工程师的能力就停留在钳工、电工这样的水平，而并不是一个真正意义上的软件工程师。

近些年有所改善是因为互联网泡沫破裂之后，行业开始进入了一个健康的发展状况，竞争也进入比较正常的状况了。任何行业都是这样，行业健康发展的一个标志就是很多人开始做同质化的

事情。这个时候前端工程师的价值就体现出来了，因为前端工程师是最终决定你的产品能不能从80分进到100分甚至120分的人，是体现竞争力的。比如同样都是做一个阅读软件，或者 SNS 网站，其中一部分是产品设计师或者 PM 的工作怎么样，如果我们把变量变成一致的话，差别就体现在前端工程师上。他们实现的东西到底是不是便于用户使用的——界面精美，使用体验流畅，加载速度快。前端工程师会在同质化竞争时体现出竞争力的一部分。

如果一家初创公司不注重这一块，不把使用体验当作一个竞争力，那说明这家公司还是处在一个比较初期的竞争阶段，因为没有竞品，他们拼市场、拼功能，当有了竞品之后才会去拼产品。产品竞争力的一部分是由产品设计师和 PM 来决定的，另外一部分就是前端工程师，特别是对 Web 产品来讲。

我为什么说这事有点晚了呢？因为现在已经进入移动互联时代了，PC 上面的 Web 流量大幅萎缩下降，但是却并没有转到移动设备的 Web 上面，而是转到移动 App 上面。在移动终端上，Web 技术只能作为一个补充，移动设备并不是 Web 前端工程师的主战场。所以现在很多前端工程师会比较迷茫，或者说未来怎么发展？是不是要转行去做 Android 开发，或者 iOS 开发？很多人会有这样的想法。包括我们自己的前端团队其实也在探索前端工程师在移动设备上怎么去发展，如果要转型的话要怎么转，以及我们做一些什么样的事情更能体现出我们价值。

问：到底什么是前端？

我觉得现在前端的概念比以前大家所普遍认识的范围要广。前端工程师是干嘛的？做 UI 的。这个词在英语里面本身指的是接口，interface 本身并不只是你看得见的，一个能点的按钮叫 interface，USB 也是 interface，火线的 IEEE1394 接口也叫 interface，所以它指的应该是两个系统进行信息交互的中介。所以前端工程师做的应该是能够把服务或系统转换成用户能够接受的形式。比如我是豌豆荚的前端工程师，豌豆荚能提供什么样的服务，我把背后的复杂的技术系统转换成用户能够接受的信息形式。比如，我把应用搜索或者我们现在做的应用内搜索转换成这样的信息形态交给用户。用户看到的就是我手机上的一个 App，或者在 Web 上面的一个搜索框，同时，能

够把用户输入的信息，再包装成系统能够接受的形式传递回来，作为一个中介在里面存在。

我们现在说的前端其实是指狭义的 Web 前端。我们的技术团队其实也在探索，是不是整个做客户端开发的，都可以叫作前端。无论 Windows 开发、iOS，或者做 Andriod 开发，平台复杂度都要比 Web 高一点，但是做的事情是一样的。比如说用户给了我一个搜索请求，怎么去查我并不管，我只是把这个东西扔给后端，后端把结果返还给我，我把它做成一个交互流畅、界面精美的体验，把这个结果包装一下还给用户。前端工程师的视野一定要非常开阔，纯从用户角度看可能是更偏向于 PM 或者设计师，纯粹从技术的角度看可能会偏向于架构师，我觉得前端会在这里面找一个平衡。

问：你觉得现在前端工程师的发展路径可以是什么样的？

如果你要说三四年前，可能还是 PC 上面的 Web 会占主导，那个时候客户端完全没有办法跟这些做互联网的公司竞争，做互联网最主要的就是在浏览器里面落地。现在这两年，移动互联网的发展很快，前端工程师会有点迷茫，不知道自己该干嘛了。因为如果一个公司只做移动端的话，那很有可能前端工程师在这里面就是一个非主导的地位，在工程团队中也会比较边缘化。但这道题怎么解，我们没有办法给出特别好的答案，因为我们自己也在探索。但我也并不觉得这是一个问题，因为如果你是一个工程师的话，就知道任何事物都有发展的自然规律，如果我们有一天认为 Web 技术不适合移动终端这种使用场景的话，那前端工程师就转行干别的吧，可以去做 Andriod 开发或者做 iOS 开发。

问：为什么 Web 前端工程师会感觉转行很困难呢？

我遇到过很多人以前可能是做 Windows 客户端开发或者是做 Server 端开发的，做 Windows 的可能转 Server 了，做 Server 的可能转去做 Andriod，或者转去做 iOS，并不会有特别大的困难，因为他们的基础知识是没有问题的。但为什么 Web 前端工程师现在会觉得转行很困难呢？原因在于：他们的基础知识有缺口。

我们现在的实践经验就是：如果一个很有经验的 Web 前端工程师去做 Andriod 或者 iOS，可能在用户体验这块的感觉会比较强，但技术上并

没有任何优势，因为 Web 平台的复杂度比 iOS 和 Andriod 低得多。这就是为什么很多前端工程师会觉得自己转岗很困难，本质上还是因为基础知识的缺口。而反过来 Andriod 和 iOS 的工程师转 Web，并不会觉得很困难。

Web 技术最主要的编程范式是声明式。它的好处是你很容易抽象你的需求，学习成本会比较低，但是代价就是牺牲了运行时的效率。如果你开发又简单，运行时又快，那原生技术就没有存在的必要了。原生技术不是声明式的，比如界面是怎么渲染的，你要用代码去控制渲染的过程，你不能简单地说我要一个表格，它就给你个表格。而 Web 是这样的，Web 说我要一个表格，浏览器就给它个表格，你再告诉浏览器说我要一个 5 像素的阴影，那浏览器就给你一个 5 像素的阴影，前端工程师根本控制不了这 5 像素的阴影怎么画上去，或者说只能在很小的范围内控制。这其实和时间换空间，空间换时间这个简单的哲学原理很相似，不可能两者兼得。

脚踏实地

> "我接触过很多前端工程师，他觉得差一像素就差吧，但是 UI 质量可能差别就在这一像素上，你差了这 1 像素，就不是 100 分了。"

问：对你来说一个优秀的前端工程师需要具备什么样的技能？或者什么样的知识结构？

前端工程师应该首先是个工程师。现在很多前端工程师，包括我面试的，可能在基础知识上有所欠缺。基础的数据结构、基础的算法、操作系统原理，对一个软件工程师来讲这些非常基础的内容还是要知道的。如果不知道的话，你可能会成长得很快，但是很容易进入到一个瓶颈，并且这个瓶颈是无法突破的，因为你的知识结构是有残缺的。

其次是个人素质，比如说对细节的注意力。前端工程师做的东西，无论是自己实现的，还是按照设计师的设计稿实现的，差 1 像素就是差。这 1 像素你能不能看得出来，并且把它纠正过来，其实在很多情况下取决于个人的素质和对细节的注意力和追求。因为我也接触过很多前端工程师，他觉得差 1 像素就差吧，但是 UI 质量可能差别就

173

在这一像素上，你差了这1像素，就不是100分了。

再次是你要对用户体验有一些基本的了解和判断，包括什么样的东西体验是好的，什么样的东西是体验流畅的，怎样能够让用户更有效地去接受你想传达的信息。一些交互设计上的最佳实践是一定要知道的，这不完全是设计师的事，前端工程师也要参与进来。

问：你在面试的时候，除了这些技能之外，你还看重别的什么吗？

其实我个人会比较看重一个人的视野。很多部门说我也看重视野，但是前端工程师应该尤其看重，因为前端技术更新迭代太快了。Web技术本身就非常不稳定，你今天会的东西，明天睡一觉可能就已经发生变化了。前端工程师如果视野不够开阔，你所了解的东西广度不够的话，就很难跟得上这种进步速度。

另外，前端是最接近用户的这一端，你不仅要能从工程的角度，从站在你背后的产品设计师、后端工程师的角度去跟用户交流，同时你要能站在用户的角度，反向地跟你后面的这些设计师和后端工程师交流。比如后端工程师给我一个API，我作为使用者来说必须能判断什么是好用的，我才能把后端想要传达的信息有效地传达给用户，再把用户的交互反馈给系统。前端工程师要站在两个角度去沟通，要能够从非常不一样的角度去看待同一件事情。

问：我看你在一个Talk里面说过"统一的前端研发生态环境能够自生长"，这个你们是如何实现的？

首先，"自生长"是为了做Talk包装出来的一个概念，但如果要把它说成大白话的话，所谓"研发生态环境"指的就是开发环境、测试环境、生产环境和运行环境，这是你的代码会跑的一些独立的物理上隔离的环境。这时候就需要有个工具链，能把整个环境穿起来，尽量减少在整个研发过程中工程师的一些机械性手工操作。

所谓"自生长"是说，因为一个工具链上涉及到很多的小工具，这些工具都像珠子一样串在一起，但是每一环我都可以独立地去替换它，"自生长"保证了这些工具都是非常原子的。如果有一个工程师觉得现在我们在整个研发过程中某一个环节不够好，自动化流程不够，想去优化它，那他就可以单独针对这一小块去优化，而不是给

你一个很庞大的技术体系，想要把这个东西使用明白都得花很大的精力。

所以所谓的"自生长"是说每个人都可以很容易地对你整个技术环节当中的一个小部分进行改进，它就能够日趋完善。可能今天我改一点，明天你改一点，日积月累下来，整个工具链就会越来越完善。

问：你对自己有没有什么规划？想一直做前端工程师？

我自己其实并没有特别明确的规划，可能也跟我自己所处的环境有关，因为豌豆荚实在发展太快了，我五年之前也不会想到自己会发展到今天这样。这四年在豌豆荚走过的整个成长路程，并不是一步一步规划过来的。很多时候如果你真的潜心在工作里面，什么也不管，可能过了一段时间后你会发现你比自己想象的走得更远。在互联网这个外部环境变化比较快的行业里面，超过三年的规划我觉得意义都不大，因为一年以后可能整个外部环境就完全不一样了。我自己现在可能会做一些团队管理，包括产品研发管理上面的事情，这也是我两三年前完全想不到的。以前我觉得自己会一直做工程师，前端做不了，我会去做别的，但现在看来，"做事"对我来讲可能更重要，技术只是一个手段，是支撑之一，还有其他的东西需要保障。

我现在在做的产品，前端只是众多技术体系的一部分，我想要把这件事做成，只盯着前端这一块是不行的。以前我只做工程师的时候，一个问题来了，我的反应是这件事我前端应该怎么做，前端能做到什么范围。如果说一个功能到底应该由前端去做还是由后端去做，我只能站在前端工程师的角度去考虑这件事。但现在我更多会考虑的是我要把这件事解决了，不管是前端还是后端，首先要把这件事解决了，所以思考问题的角度和整个目标会不太一样。

更多精彩，加入图灵访谈微信！